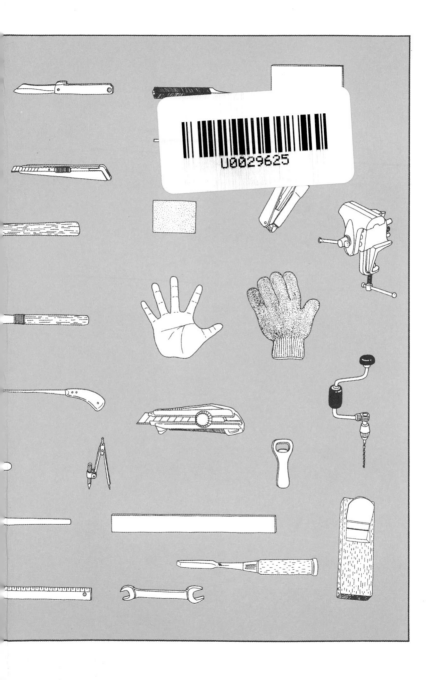

# 玩藝圖鑑

成為玩具通才的

**170** 種 玩法

作者—木內勝
繪者—木內勝、田中皓也

工作図鑑—
作って遊ぼう！伝承創作おもちゃ

**前言**　　玩具的種類很多，有簡單的如陀螺、彈珠，也有複雜的如電動玩具。不管是簡單或複雜的，想要好玩又有趣，就必須要具備相當的技巧。

能自己做出有趣的玩具，那真是一件令人快樂的事啊！這本書就是給想自己動手做玩具的人的指引工具。如果認為自己的手藝較差，可以先從簡單的玩具下手，等熟練之後，再來挑戰難度較高但又相當好玩的玩具了。

在完成一個又一個玩具之後，你會發現，不是只有玩玩具的時後令人開心，製作玩具的過程也是相當有趣呀！

用果汁罐做汽車、魚糕板子做迷宮、塑膠袋做風箏、紙箱做房子……，這些利用廢棄物一樣一樣做出來的玩具，都會令你欣喜萬分，因為你不但可以依照自己的喜好來設計、製作各種玩具，甚至還可以改變它們的玩法，這都會增添更多玩的興味。

本書介紹了170種從傳統到創新的各式各樣的玩具。請仔細閱讀製作的方法，再輕鬆享受自己動手做的樂趣。當你熟悉了各種工具的使用方法之後，也許就能親手做出世界上獨一無二的玩具囉！

這本書不只是為了教你學做玩具，更希望它能為你的生活帶來無限的歡樂。

# 目錄

## 小刀

# 書中出現的符號和意義

本書中，將製作玩具必須使用的工具，依種類區分為幾大項目。從一開始只要用手就能完成的玩具，到需要使用到剪刀、小刀的玩具……，隨著頁數的增加，越到後面使用的工具難度也越高。同時，製作玩具所需使用的工具項目也會變多。因此，一開始我們先嘗試做簡單的玩具，慢慢再向難度較高的玩具挑戰。

作法的難易度，以小學三年級生為基準，分成：Ⓐ簡單 Ⓑ普通 Ⓒ困難 Ⓓ超難四種。

～往內折的線 → 指示方向

＞往外折的線 ➡ 指示圖的順序

切開的線　★ 注意事項

玩具的名稱

完成圖

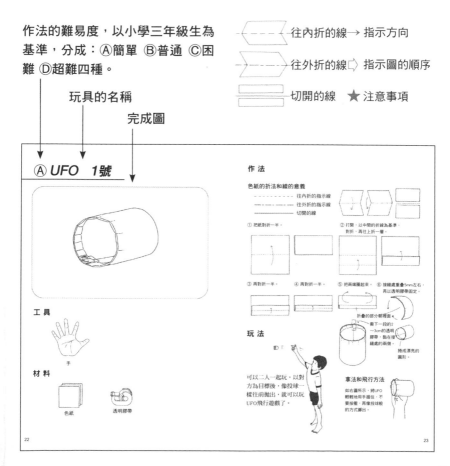

## Ⓐ UFO 1號

### 工具
手

### 材料
色紙　透明膠帶

### 作法

色紙的折法和線的意義
————— 往內折的指示線
‑‑‑‑‑‑ 往外折的指示線
‑‑‑‑‑‑ 切開的線

① 把紙對折一半。
② 打開，以中間的折線為基準，對折，再往上折一層。
③ 再折一半。
④ 再對折一半。
⑤ 把兩端捲起來。
⑥ 接縫處重疊5mm左右，再以透明膠帶固定。

折疊的部分朝裡面，撕下一段約2～3cm的透明膠帶，黏在接縫處的兩端。

捲成漂亮的圓形。

### 玩法

可以二人一起玩，以對方為目標後，像投球一樣往前拋出，就可以玩UFO飛行遊戲了。

### 拿法和飛行方法

如右圖所示，將UFO輕輕地用手握住，不要按壓，再像投球般的方式擲出。

22　　23

# 自己動手做來玩！　1

　　動手做的過程，就是很好玩的遊戲，即使手藝較差的人也不用擔心。做得好不好或做得快不快，並不重要，只要是做自己喜歡的東西、玩得很開心，這才是做玩具的最大樂趣！

　　不會用小刀削鉛筆的人，可以從製作的過程中，學會如何使用小刀。有時可能會不小心割破手指，但一點點小傷，卻能幫你更熟悉小刀的用法。因為唯有你自己親手持刀，體驗刀刃的方向、使力的方法，以及感覺到物體的硬度，才能學會如何運用自如。而有了幾次失敗的經驗，你的手藝將更加純熟。正如不能只看書本就能成為好木匠的道理一樣。木匠也需要自己動手做，累積相當的經驗，才能學會一番好手藝。

　　當你能夠靈活運用各種工具以後，做起玩具就會越發覺得有趣了。但是可別心急，沒有人一天就能成為木匠的。只要你漸漸熟悉工具，使用起來越來越順手，這樣才是最重要的事。要很小心的使用工具，否則是很容易受傷的，如果因為受傷而對手作工藝感到畏懼，那就太可惜了。現在，就讓大家一起來體驗自己動手做來玩的樂趣吧！

1. 想到什麼，就開始動手做。

2. 找找看，身邊有沒有適合的材料。

3. 需要使用哪些工具呢？

4. 怎麼做比較好？要邊做邊想。

車軸應該要直接放進去嗎？

5. 就算失敗，也別在意。

嗯，車輪比想像中的還要小。

6. 完成囉！為它取個名字吧！

7. 自己做世界上獨一無二的玩具。

8. 玩壞了，自己修理。

9. 用盡心思做出好玩的玩具，再不斷地研究、改良出更新的玩法。

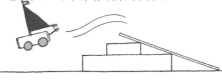

# 材料的蒐集

可以盡量利用身邊的材料，來製作玩具。

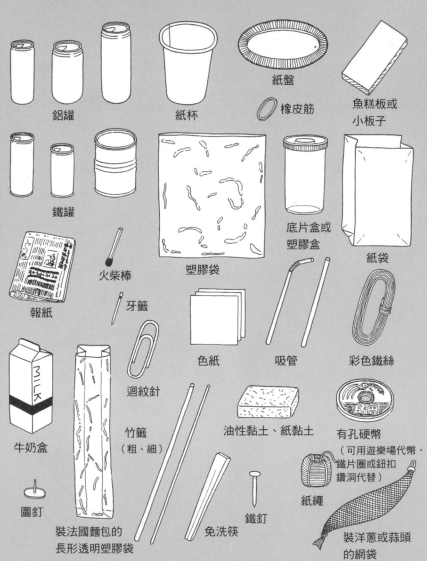

鋁罐

紙杯

橡皮筋

紙盤

魚糕板或
小板子

鐵罐

塑膠袋

底片盒或
塑膠盒

紙袋

報紙

火柴棒

牙籤

色紙

吸管

彩色鐵絲

牛奶盒

迴紋針

竹籤
（粗、細）

油性黏土、紙黏土

有孔硬幣
（可用遊樂場代幣、
鐵片圈或鈕扣
鑽洞代替）

圖釘

鐵釘

紙繩

裝法國麵包的
長形透明塑膠袋

免洗筷

裝洋蔥或蒜頭
的網袋

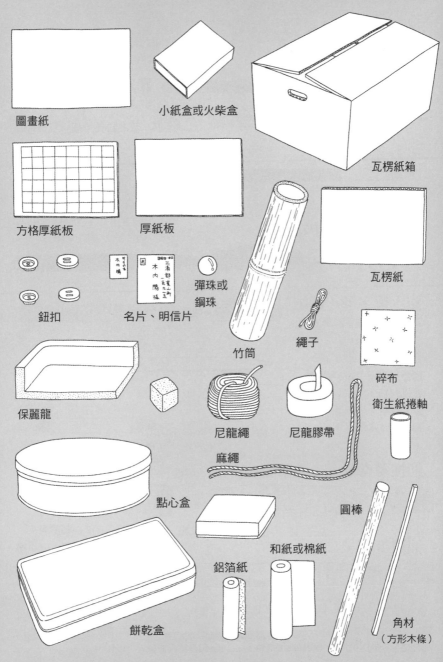

圖畫紙

小紙盒或火柴盒

瓦楞紙箱

方格厚紙板

厚紙板

瓦楞紙

鈕扣

名片、明信片

彈珠或鋼珠

竹筒

繩子

碎布

保麗龍

尼龍繩

尼龍膠帶

衛生紙捲軸

點心盒

麻繩

圓棒

餅乾盒

鋁箔紙

和紙或棉紙

角材
（方形木條）

11

# 繪圖用品

6H（筆芯較硬、色澤較淡）
6B（筆芯較軟、色澤較深）
↓

**鉛筆** HB，硬度和濃度屬中等，適合用來寫字。

**色鉛筆** 筆芯粒質柔細，只要輕輕塗就會有很好的效果。

**原子筆** 寫字或畫線用，很不容易擦掉。要用原子筆專用筆擦來擦拭，不過會損傷紙質。必須將筆尖朝下書寫才有油墨滲出。

**水性簽字筆（中粗）**
很容易書寫，缺點是一沾到水就會暈開。

**防水簽字筆（極細）**
畫細線或寫細字時最方便。

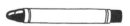

**細字彩色筆**
顏色很多種。筆尖柔軟，容易塗抹。用完必須馬上蓋上筆蓋，否則筆尖會乾掉而無法再使用。

**蠟筆**
用於較大面積與橫向塗抹。

**油性麥克筆** 沾到水不會暈開。使用在銅版紙上的效果比圖畫紙好。

細　　　　　　　　　　　　粗

**油漆筆** 油性、不透明

**POSCA油漆筆** 水性、不透明

可直接塗在塑膠製品、紙黏土等材質上。重複上色時要等第一層乾了以後，才可以塗抹第二層。使用前先搖一搖再打開筆蓋，然後將筆尖向下壓2～3次直到墨水滲出。

12

### 水彩顏料
沾水塗在木質、紙、紙黏土等製品上。

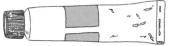
### 廣告顏料
使用方法與水彩顏料相同，有很多種顏色。

### 亮光漆
塗在水彩顏料上，可以增加光澤，又可以防止顏色脫落。用過的筆要用松香水（香蕉水）來清洗。

## 畫筆

細筆，描繪細線或小部位面積塗抹時使用。

粗筆，描繪粗線或大部位面積塗抹時使用。

平筆，大面積塗抹時使用。

## 筷子筆

免洗筷子分成二半，一端用小刀削成筆尖的形狀。沾上水彩或墨汁，就可以畫出意想不到的有趣線條。

### 壓克力顏料
用水調勻，可直接塗抹在紙、木質、紙黏土、塑膠等製品上。乾了以後沾水也不會滲開，厚厚塗上好幾層也不會龜裂。使用過後需立刻用水洗淨畫筆。

### 油漆
可塗在塑膠等製品上。用之前先加入松香水調勻。在室內使用時必須將窗戶打開，以保持空氣流通。使用後先以松香水洗掉筆刷上的顏料，再用肥皂及清水洗淨。

### 油漆刷（大）
適合大面積的塗抹用。

### 油漆刷（小）
適合小面積的塗抹用。

### 水泥漆
用水調勻後，可塗在木質等製品上。乾了以後再塗上一層亮光漆，就會增加光澤和保護漆色。

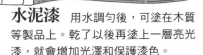
水泥漆
建物用

# 黏貼用品

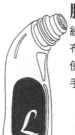

**膠水** 適用在紙、玻璃紙、布等的黏合。使用方便不沾手，不過乾了以後紙會皺。

**漿糊** 適用在紙與紙的黏合。薄紙的使用效果比厚紙好。可以直接用食指或中指沾上漿糊塗抹，不過乾了以後紙會皺起。

**口紅膠** 適用在紙張的黏合。薄紙的使用效果比厚紙好。使用方便不沾手，乾了以後紙張也不會皺起。

**樹脂** 適用在木、紙、布、竹等製品上。凝膠狀時是白色，乾了以後會變透明色。用在厚紙板也有很好的黏合效果，是手作工藝時最常用的黏著劑。要避免沾到衣服上。

**強力膠** 適用在紙、木、布、金屬、陶等製品上，尤其是塑膠模型的黏合用。無色透明。

**塑膠專用強力膠** 適用在塑膠製品的黏合。可黏合塑膠、紙、木、布、金屬等材質。

**保麗龍專用強力膠** 適用在保麗龍製品的黏合。可黏合保麗龍、紙、木、布等材質。要避免沾到衣服上。

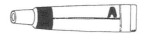

**金屬專用強力膠** 適用金屬製品的黏合。可黏合金屬與玻璃、塑膠等材質。黏合物品時，先塗其中一件，再薄薄一層塗上另一件，最後將兩面貼合即可。要避免沾到皮膚或衣服上。

**紙張專用強力膠** 適用在紙張的黏合，是紙張專用的強力膠。無色透明。使用後紙張不會皺起，而黏貼過的紙還可用紙張專用稀釋劑來撕開。

# 強力膠使用時的注意事項

1. 使用時先在下面鋪上紙張（舊報紙或廣告單）。
2. 塗抹強力膠的那一面不要沾上灰塵或其他異物。
3. 強力膠不要塗太厚，薄薄的塗抹均勻即可。
4. 趁強力膠還未乾時，將溢出的部分趕快擦拭乾淨。
5. 不小心沾到手，要立刻用水清洗。
6. 避免沾到衣服上。
7. 塗抹完畢，要將容器口擦乾淨，並把蓋子拴緊。
8. 在完全乾透之前，不要去觸碰或移動黏合物。
9. 黏合之後為了避免立即分離，可以先用透明膠帶貼住或用衣夾夾住，也可以放在厚書中間將黏合物固定起來。

## 透明膠帶

適用在紙和紙、紙和吸管、紙和鋁罐等不太重的物品的連接。有各種不同寬度的膠帶。使用時，要儘量貼在看不見的地方，才能保持外在的美觀。另外，也有可以直接用色筆上色的膠帶，即使貼在表面也不妨礙美觀。

## 雙面膠

膠帶的雙面都附有黏性。可代替漿糊或膠水使用。

## 彩色膠帶

顏色很多。貼在手工藝品表面，可以防水也很漂亮。

## 釘書機

把紙和紙釘在一起。用來固定紙張。

裝入釘書針的地方。

用來拔除釘書針。

## 不透明膠帶

有牛皮紙、布和塑膠等不同材質。牛皮紙做的不透明膠帶可以防水，但不能重疊黏貼，而且貼了以後再撕掉會留下痕跡，很不美觀。布質或塑膠製的不透明膠帶黏著力很強，可以連接較重或較大件的物品；用手橫向就能撕開，還可防水；除了茶褐色，另外還有紅、藍、黃、綠等多種顏色可供選擇。可用油性簽字筆直接在膠帶上塗寫，還能重疊黏貼。使用十分便利。

# 尺・圓規的種類

尺是用來測量長度、畫直線時所使用的工具。
圓規是用來畫圓、弧線時所使用的工具。

尺的種類很多。有10cm短的，也有1m長以上的。也有塑膠、竹、鋼鐵、不銹鋼等多種不同材質製成。

圓規的種類，有使用鉛筆的和使用筆芯的。

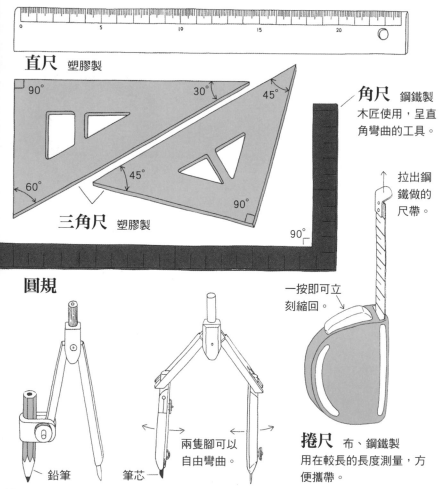

**直尺** 塑膠製

**三角尺** 塑膠製

**角尺** 鋼鐵製
木匠使用，呈直角彎曲的工具。

**圓規**

兩隻腳可以自由彎曲。

鉛筆　　筆芯

拉出鋼鐵做的尺帶。

一按即可立刻縮回。

**捲尺** 布、鋼鐵製
用在較長的長度測量，方便攜帶。

# 尺・圓規的使用方法

直尺的單位是cm（公分）。在測量長度時，將刻度對準0。
1mm（1公釐），指的是1cm的10分之1。

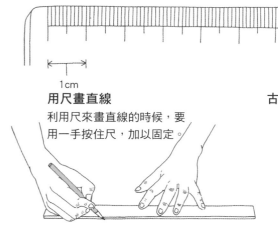

1cm

**用尺畫直線**

利用尺來畫直線的時候，要
用一手按住尺，加以固定。

用小刀割東西時，儘量不要使用塑膠製的尺，可使
用鋼鐵製或不鏽鋼製的，以免損傷尺本身。

**古代尺的單位**

## 唐代尺
大尺1尺＝29.4cm
小尺1尺＝24.6cm

## 日本鯨尺
主要用於吳服。
1尺＝37.9cm

用圓規畫圓時，將拇指和食指用力的握住，以避免
中心偏離，然後從6點鐘的位置，以順時鐘方向開
始畫圓。

**沒有圓規也可以畫圓**

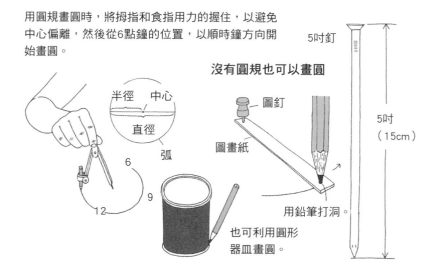

半徑　中心

直徑

弧

6

9

12

圖釘

圖畫紙

5吋釘

5吋
（15cm）

用鉛筆打洞。

也可利用圓形
器皿畫圓。

# 磨具的種類和使用方法

用來磨平凹凸不平表面的工具。

有鐵製的木工用銼刀，以及砂紙。

平銼

圓銼

切齒

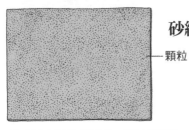

砂紙

顆粒

要磨平木材的表面時，可以用粗粒子的砂紙先磨，再換成細粒子的砂紙磨平。

一大張砂紙要分成小塊時，先反覆折幾次折出折痕，再直接用手將它撕開。如果直接用剪刀或小刀割開砂紙，會容易損傷刀刃。砂紙的背面有標示砂紙粗細的號碼。

（例如：粗粒子G—80／中粒子G—240／細粒子G—400）

磨平木板的裁切口。

要磨平木板的紋路時，可以把砂紙包在小塊的板子上，比較容易操作。

用木工虎鉗來固定木板。

將毛巾塞在虎鉗和木板中間，可以防止刮傷木板。

木板

18

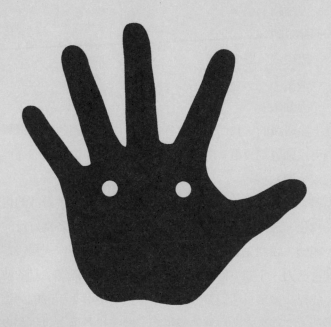

# 手的動作

人類的手，可以做許許多多的事情。

折──折紙、折樹枝。

握──握鉛筆、握筷子、握單槓。

繫──繫鞋帶、繫絲帶。

拿──拿皮包、拿書。

拍──拍手。

彈──彈鋼琴、彈吉他。

摸──摸小狗、小貓。

揉──揉眼睛。

擦──擦窗戶、擦桌子。

掬──掬水。

捏──捏臉頰。

從上面所說的，我們知道手有各種動作。也因此，由提起的動作，我們可以感覺到輕重；由觸摸的動作，可以知道溫度的高低、質料的粗細或軟硬。

本書中的主角就是「手」。在人類的身體中，手扮演的也正是工作者的角色。透過我們靈活的雙手，才能做出各式各樣好玩的東西。

一開始，我們先試著用手折疊出一些簡單的勞作。慢慢習慣之後，再配合剪刀、小刀、鎚子、鋸子、鉗子、開罐器等工具的使用，來逐步完成每一種玩具。只要你經常手拿工具使用，手部的動作也會越來越靈活，久而久之，自然熟能生巧，操作起各種工具也都更能得心應手了。一旦你能自由自在的運用自己的雙手，那麼做東西這件事，將再愉快也不過了。為了讓你更喜歡自己的一雙手，別忘了，一定要常常練習你的雙手喔！

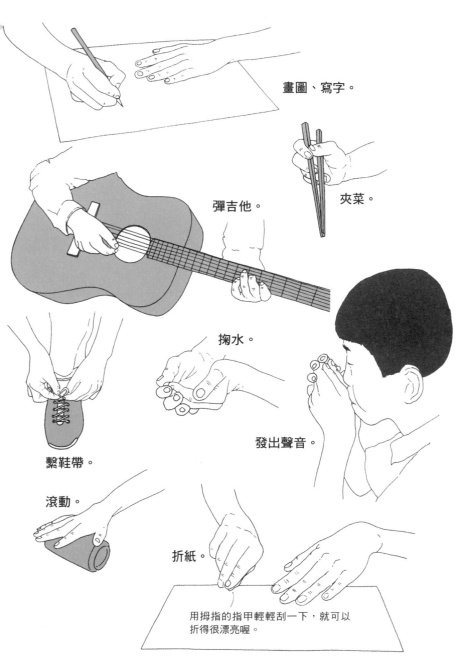

畫圖、寫字。

夾菜。

彈吉他。

掬水。

繫鞋帶。

發出聲音。

滾動。

折紙。

用拇指的指甲輕輕刮一下，就可以
折得很漂亮喔。

# Ⓐ *UFO* 1號

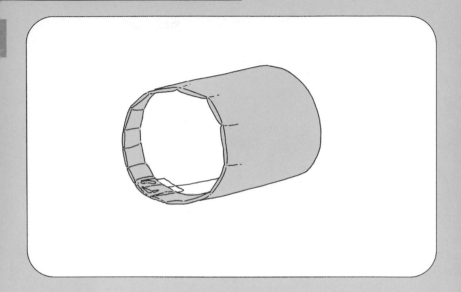

## 工具

手

## 材料

色紙

透明膠帶

# 作 法

## 色紙的折法和線的意義

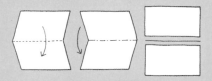

- – – – – – – – – – – 往內折的指示線
- —— · —— · —— 往外折的指示線
- ————————— 切開的線

① 把紙對折一半。

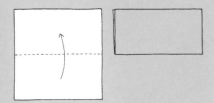

② 打開,以中間的折線為基準,
   對折,再往上折一層。

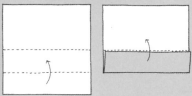

③ 再對折一半。　④ 再對折一半。

⑤ 把兩端圈起來。　⑥ 接縫處重疊5mm左右,
   再以透明膠帶固定。

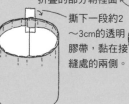

折疊的部分朝裡面

撕下一段約2
～3cm的透明
膠帶,黏在接
縫處的兩側。

捲成漂亮的
圓形。

# 玩 法

可以二人一起玩,以對
方為目標後,像投球一
樣往前拋出,就可以玩
UFO飛行遊戲了。

## 拿法和飛行方法

如右圖所示,將UFO
輕輕地用手握住,不
要按壓,再像投球般
的方式擲出。

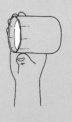

23

# Ⓐ 紙飛機

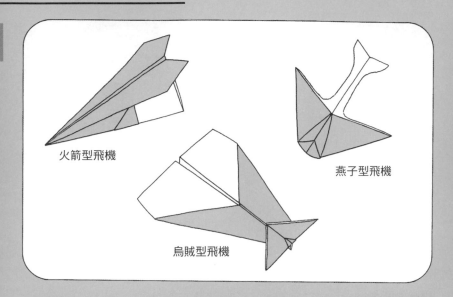

火箭型飛機

燕子型飛機

烏賊型飛機

## 工 具

手

## 材 料

用稍厚的紙張或廣告單。

# 作 法

## 火箭型飛機

① 先對折一半，再沿折線往內折兩個三角形。

② 大三角形往左折，保留一小段空間。

③ 再往內折二個小三角形。

④ 小三角形右折。

⑤ 向外對折一半。

⑥ 往內折機翼。

⑦ 再折好另一邊的機翼，然後打開。

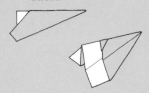

## 烏賊型飛機

①

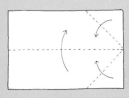

②

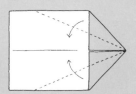

③

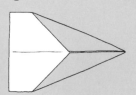

④ 將紙打開，再依折線重新折。

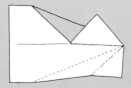

⑤

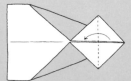

⑥ 向內對折一半。

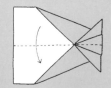

25

⑦ 折出稍微傾斜的機翼。

⑧

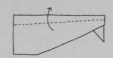

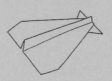

## 燕子型飛機

① 

② 順著圖①折出的折線，將兩邊
折進內側。

③

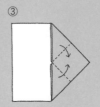

④

⑤

⑥ 插入孔隙中。

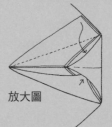

放大圖

⑦ 向內對折一半。

⑧ 將兩片機翼沿線剪開。

火箭型飛機、烏賊型飛機、燕子型飛機的折法，都可以依自己
的創意重新改造，然後再用色筆著色。

# 玩 法

把飛機帶到學校操場、公園或是空地上去飛翔。

## 飛機的拿法及飛行方法

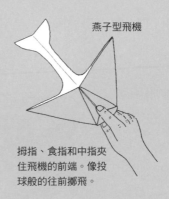

火箭型飛機

烏賊型飛機

燕子型飛機

握住飛機的底部中心,以
45度角飛翔。

拇指、食指和中指夾
住飛機的前端。像投
球般的往前擲飛。

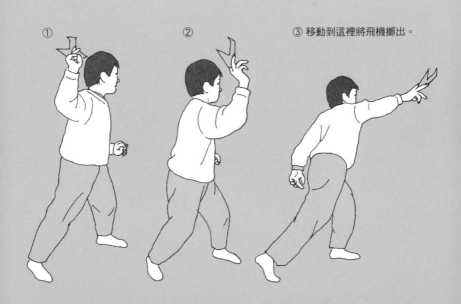

① ② ③ 移動到這裡將飛機擲出。

# Ⓐ 帽子

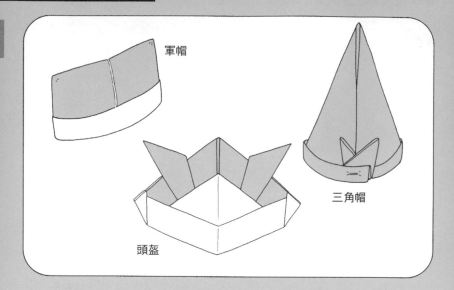

軍帽

三角帽

頭盔

## 工 具

手

## 材 料

報紙

# 作法

**頭盔**

① 打開2頁大小的報紙，往內折三角形。

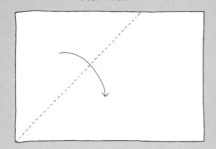

② 折出一個正方形。

長方形的部分可依圖②③④的順序折，或用剪刀沿折線剪掉。

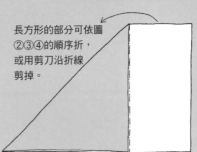

③

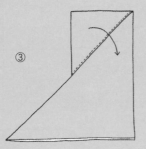

④

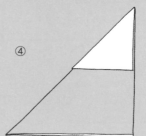

⑤ 將兩個角內折，形成正方形的報紙。

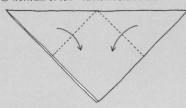

⑥

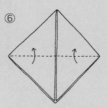

⑦

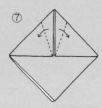

⑧

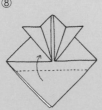

⑨

⑩ 反面也像⑧⑨一樣的折法。

⑪ 打開中心，折出左右的角。

29

## 軍帽

① 把2頁大小的報紙對折後，由中線往內折兩個三角形。

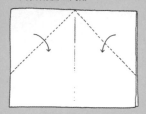

② 第1層的報紙向上折兩次。

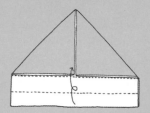

③ 兩側向後折，再反過來。

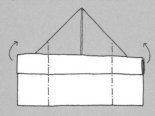

④

⑤ 如圖折進中間。

⑥

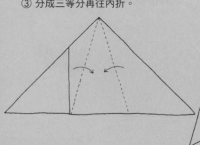

## 三角帽

① 打開2頁大小的報紙，折成三角形。

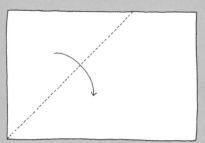

② 右側也往內折出一個三角形。

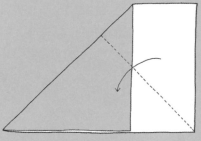

③ 分成三等分再往內折。

④ 打開後反過來，由兩邊的折痕處折出斜角。

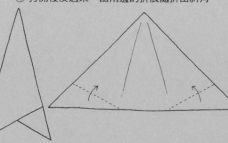

⑤ 三邊再折入3～4cm。

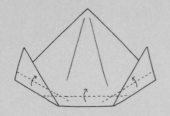

⑥ 捲起來將兩側重疊接合。

⑦ 依頭圍大小調整寬度，再用釘書針接合固定住。

釘書針

⑧ 兩側釘上橡皮筋以防止帽子掉落。

↓

將3～4條橡皮筋串連起來。

用釘書針固定橡皮筋。

兩側的橡皮筋用釘書針固定住。

# 玩 法

戴上不同形狀的帽子，你就可以化身為武士、士兵，或是騎掃帚的巫婆囉！

# Ⓐ 魔力紙

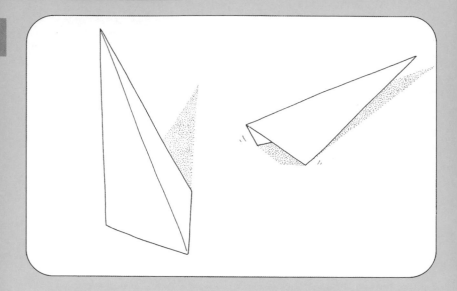

## 工具

手

## 材料

色紙

## 作法

① 先對半折，打開後，轉個
方向再折。

②

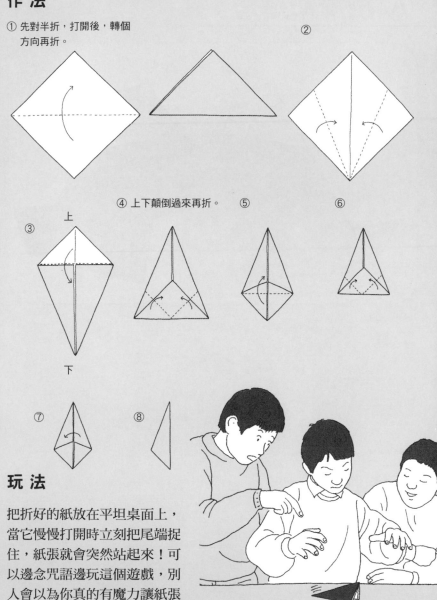

③ 上 下

④ 上下顛倒過來再折。

⑤

⑥

⑦

⑧

## 玩法

把折好的紙放在平坦桌面上，
當它慢慢打開時立刻把尾端捉
住，紙張就會突然站起來！可
以邊念咒語邊玩這個遊戲，別
人會以為你真的有魔力讓紙張
站起來呢！

33

# Ⓐ 相撲和摔角

## 工具

手

## 材料

色紙

# 作 法

① 從直的、橫的方向對折出折痕。

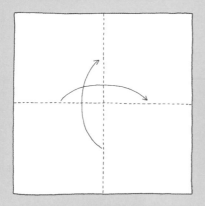

② 把四個角往中間折。

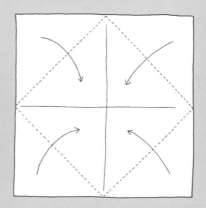

③ 再一次把四個角往中間折。

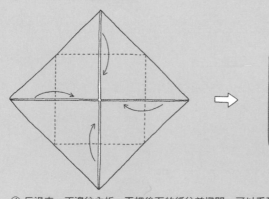

④ 反過來,兩邊往內折,再把後面的紙往前撥開,可以看到三角形。

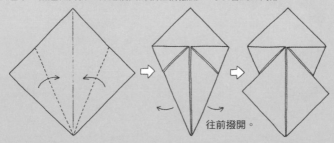

往前撥開。

⑤ 往上對折後，可以看到反面的三角形。

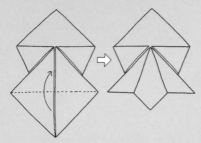

⑥ 將紙反過來，上下顛倒，交互折出折痕。

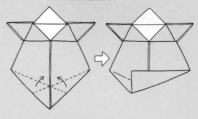

⑦ 往外對折。

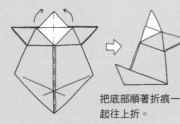

把底部順著折痕一起往上折。

⑧ 頂端往前斜折出折痕，然後再內折或是外折。

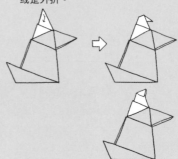

## 玩法

色紙之外，還可以把其他較大的紙張裁成正方形，做成大相撲力士和大摔角選手。

**正方形紙的作法**

折成三角形。　用剪刀剪掉。

空箱

# Ⓐ 紙炮

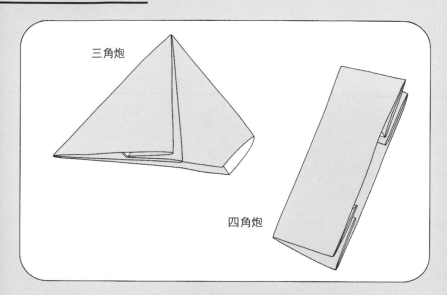

三角炮

四角炮

## 工具

手

## 材料

報紙或廣告單

# 作法

## 三角炮

① ② ③

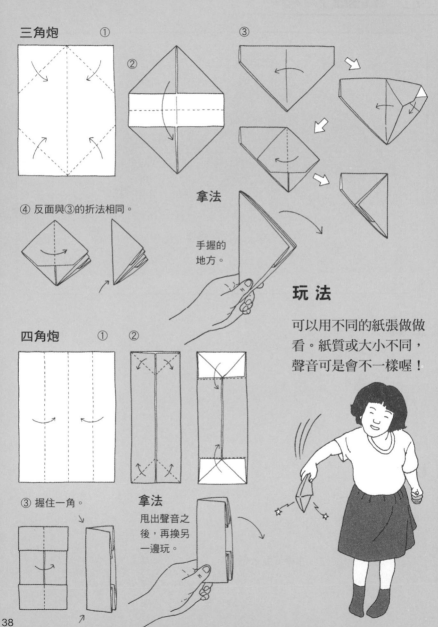

④ 反面與③的折法相同。

**拿法**

手握的
地方。

## 四角炮

① ②

③ 握住一角。

**拿法**

甩出聲音之
後，再換另
一邊玩。

## 玩法

可以用不同的紙張做做
看。紙質或大小不同，
聲音可是會不一樣喔！

# Ⓐ 手套和球

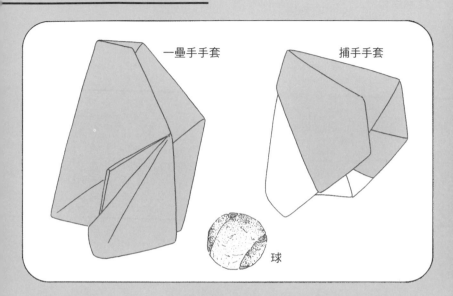

一壘手手套　　　　　　捕手手套

球

## 工具

手

## 材料

報紙 3張

不透明膠帶（布質）

# 作法

## 捕手手套

① 把1張報紙對折。

② 和紙飛機同樣的折法。

③ 再往裡折。

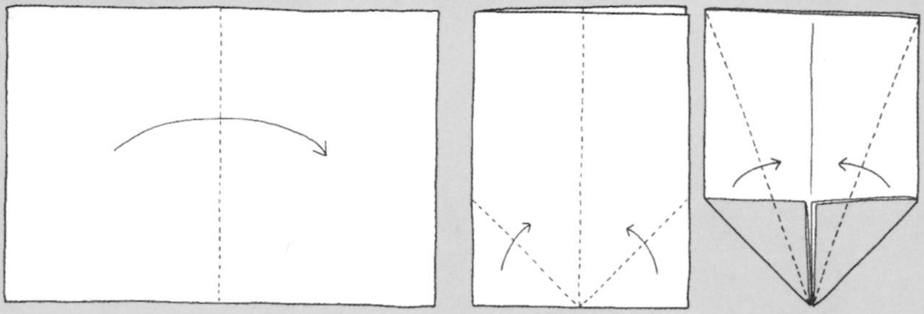

④ 反過來往上折。

⑤ 從上往下捲4～5次。

⑥ 往裡面斜折插進去。

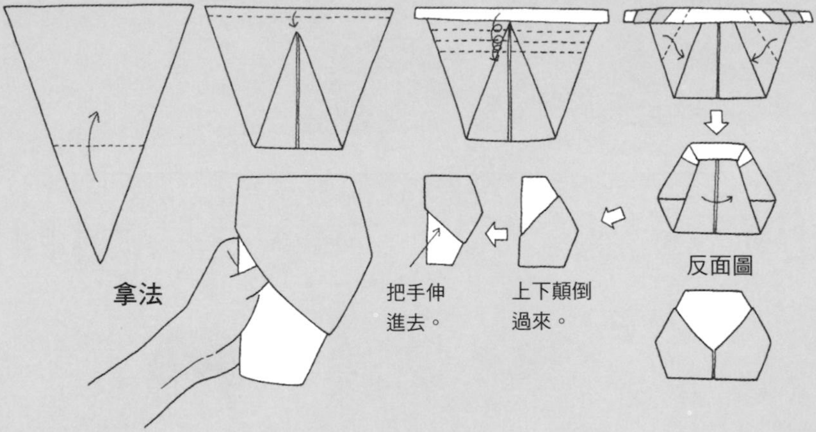

反面圖

拿法

把手伸
進去。

上下顛倒
過來。

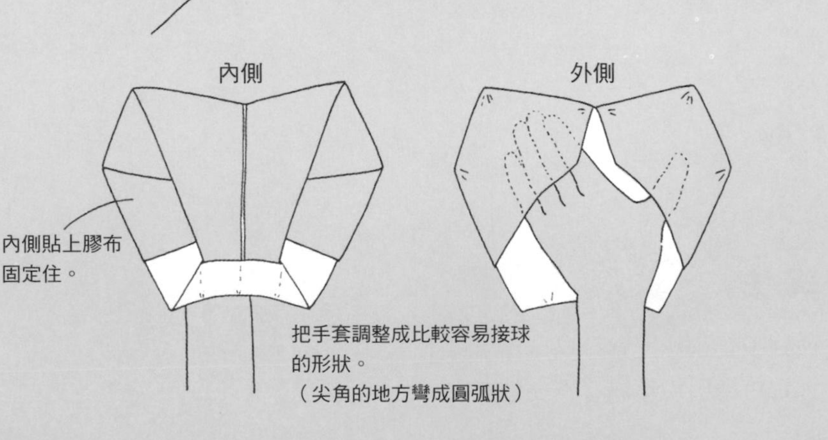

內側

內側貼上膠布
固定住。

外側

把手套調整成比較容易接球
的形狀。
（尖角的地方彎成圓弧狀）

40

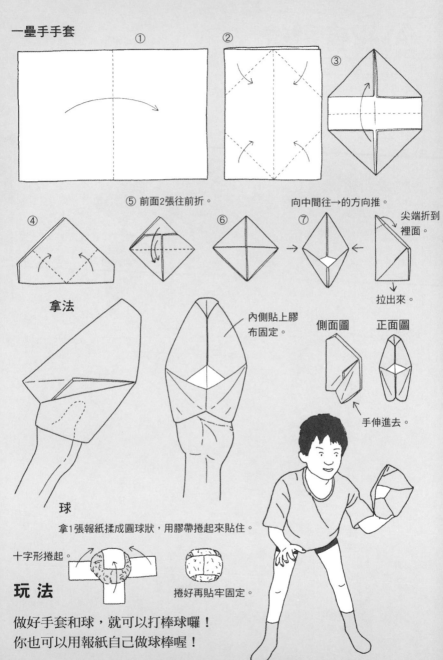

## 一疊手手套

① ② ③

⑤ 前面2張往前折。

向中間往→的方向推。

尖端折到裡面。

④ ⑥ ⑦

拉出來。

### 拿法

內側貼上膠布固定。

側面圖　正面圖

手伸進去。

### 球

拿1張報紙揉成圓球狀，用膠帶捲起來貼住。

十字形捲起。

## 玩 法

捲好再貼牢固定。

做好手套和球，就可以打棒球囉！

你也可以用報紙自己做球棒喔！

41

# Ⓐ 忍者飛鏢

## 工 具

手

## 材 料

色紙（2張紙可做1個）

## 作法

① 把不同顏色的色紙依
　步驟折好。

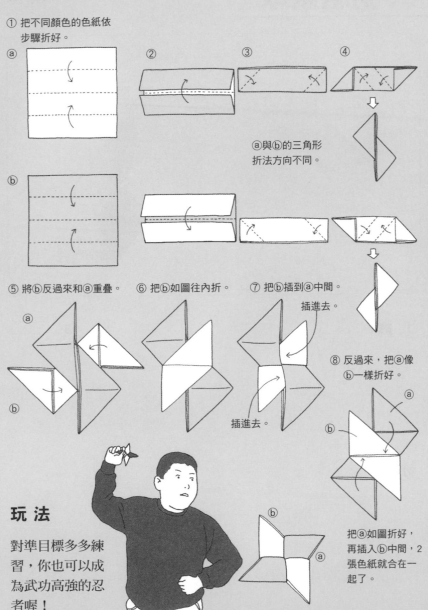

ⓐ

②

③

④

ⓐ與ⓑ的三角形
折法方向不同。

ⓑ

⑤ 將ⓑ反過來和ⓐ重疊。

⑥ 把ⓑ如圖往內折。

⑦ 把ⓑ插到ⓐ中間。

ⓐ

插進去。

ⓑ

插進去。

⑧ 反過來，把ⓐ像
　ⓑ一樣折好。

ⓐ

ⓑ

## 玩法

對準目標多多練
習，你也可以成
為武功高強的忍
者喔！

ⓑ

ⓐ

把ⓐ如圖折好，
再插入ⓑ中間，2
張色紙就合在一
起了。

# Ⓐ 折紙氣球

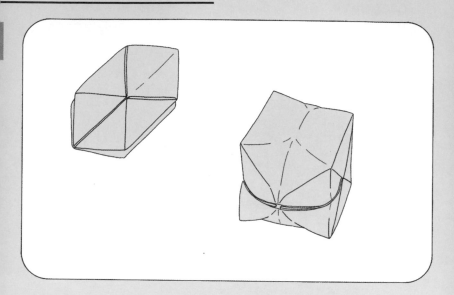

## 工具

手

## 材料

色紙

44

## 作 法

① 依圖示折出折痕。

往內折

往內折

往外折

② 折成三角形。

③

④ 反過來用相同的折法。

⑥ 反過來和前面一樣，再折一次。

⑤

⑦

⑧ 反過來和前面一樣三角形插進袋中。

⑨ 蓋起來。

⑩

↑
洞

⑪ 輕輕拿著，往洞裡吹氣，吹到氣球鼓起來。

手指輕壓，打開袋孔。

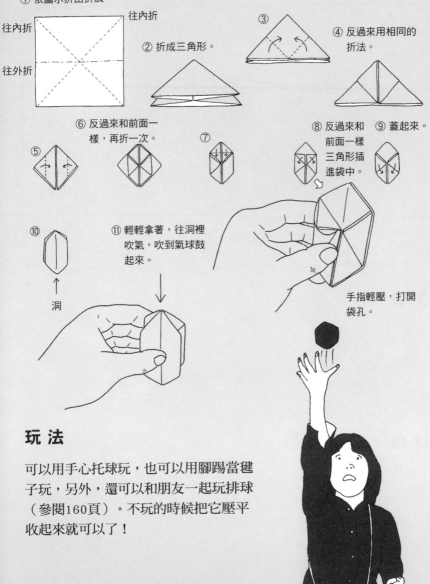

## 玩 法

可以用手心托球玩，也可以用腳踢當毽子玩，另外，還可以和朋友一起玩排球（參閱160頁）。不玩的時候把它壓平收起來就可以了！

45

# Ⓐ 紙杯

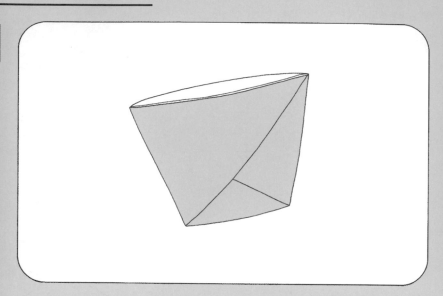

## 工具

手

## 材料

色紙

# 作 法

① 對折成三角形。

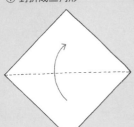

② 把右邊的角折到左邊來。

③ 另一邊也折過來。

④ 把上面三角形外面那張，折入最前面的袋內。

兩側同時往內壓，袋子就會打開。

⑤ 反過來，把三角形往下折。

# 玩 法

沒有杯子的時候，只要有張紙就能做一個杯子來喝水，非常方便喔。

# Ⓑ 大蛇

## 工具

手

畫筆

剪刀
（剪線用）

尖嘴鉗
（折彎鐵絲用）

## 材料

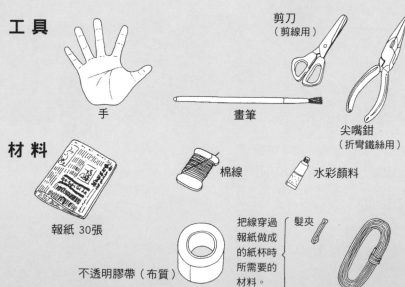

報紙 30張

棉線

水彩顏料

不透明膠帶（布質）

把線穿過
報紙做成
的紙杯時
所需要的
材料。

髮夾

或18號鐵絲

# 作 法

① 拿1張報紙依紙杯的方法折疊。
（參閱46頁）

② 開口朝右，從底部往上斜折。

③

轉個方向。

④

⑤

⑥

把三角形
部分折進
袋中。

⑦

全都折
入紙杯
內側。

⑧ 反面用水彩顏料上色。

折一個紙杯當頭，
塗上眼睛和鼻子。
另一面不用著色。

正面。

⑨ 報紙折成細條狀，再捲成圓筒。

用膠布貼住。

⑩ 鐵絲折彎成小圈。再把線穿
　過去。

穿過洞後，打一個結。

⑪ 把線穿過報紙做成的圓筒之後，打一個結。

⑫ 由尾巴開始將報紙做的
　紙杯一個個串起來。

2m長的棉線

把線穿過中心。

打死結

（參閱175頁）

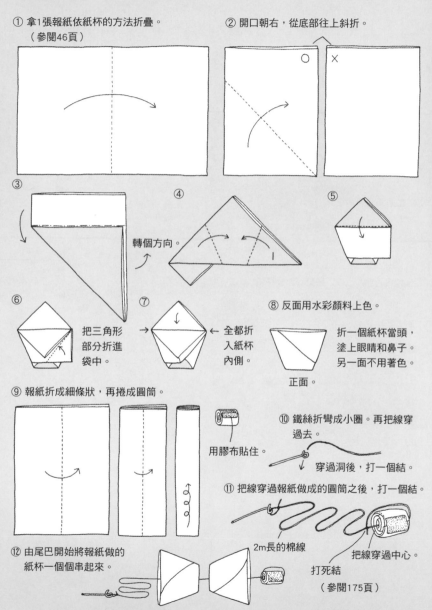

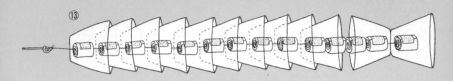

⑬

⑭ 把線拉直，讓紙杯和紙杯間的距離靠近。

做個圓圈。

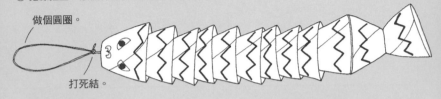

打死結。

蛇頭部分轉過來。

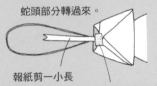

報紙剪一小長
條當作舌頭。

用膠帶固定住。

## 玩 法

用很多紙杯做成長長的
大蛇，只要拉一拉繩
環，它就會像真蛇一樣
的擺動喔！

# Ⓐ 船

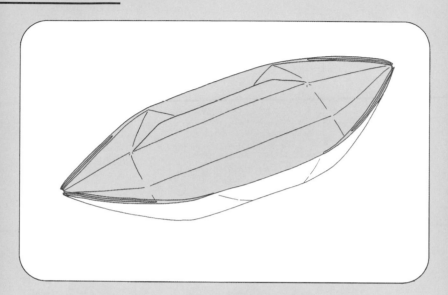

## 工具

手

## 材料

色紙

## 作 法

①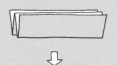
往外折

3
1
2

②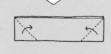

③反面也是用相同的折法。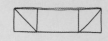

④ 反面再折一次。

⑤ 反面再折一次。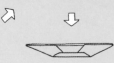

⑥ 垂直拿住船身的兩側，用拇指從裡面向外翻。

⑦ 底部整平，調整成船隻的形狀。

⑧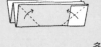

## 玩 法

讓小船浮在水面上，輕輕一吹，小船就會走了。

篷船的折法

先折一條直線。

① 
1
3
2
4

寬度會影響篷頂的大小。

② 後面的作法同上。

多了篷頂。

如果在最初的步驟左右各折一段，就會兩邊都有篷頂。

52

# Ⓑ 大蜥蜴

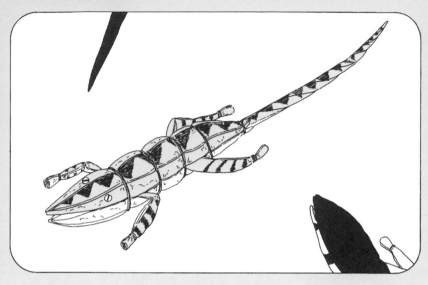

**工具**

做釣竿要用
的工具

剪刀
（剪線用）

尖嘴鉗

手

畫筆

（做釣鉤用）

水彩顏料

**材料**

釣竿的材料

報紙 8張

棉線

橡皮筋 10條

鐵絲 18號

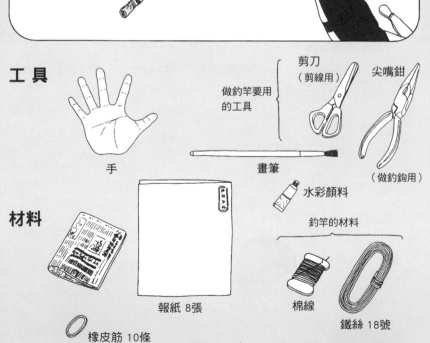

# 作法

① 報紙對折，折成紙船的形狀。
（紙船的折法參閱52頁）
第5個步驟再多斜折一次（比52頁紙船的折法多折一次）。

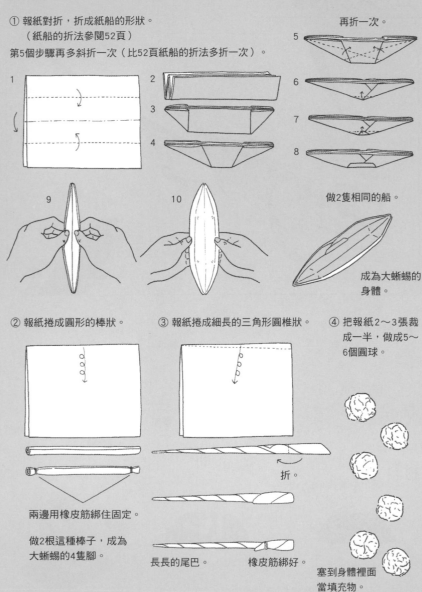

再折一次。

做2隻相同的船。

成為大蜥蜴的身體。

② 報紙捲成圓形的棒狀。

兩邊用橡皮筋綁住固定。

做2根這種棒子，成為大蜥蜴的4隻腳。

③ 報紙捲成細長的三角形圓椎狀。

折。

長長的尾巴。　橡皮筋綁好。

④ 把報紙2～3張裁成一半，做成5～6個圓球。

塞到身體裡面當填充物。

⑤ 填充物如圖般塞好後，把2隻船殼合在一起。

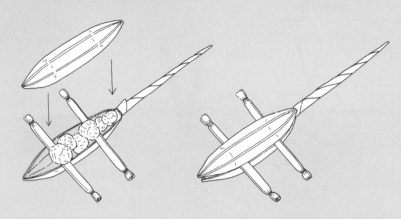

⑥ 腳彎好形狀後，用橡皮筋固定。

腳的前後用橡皮筋固定。

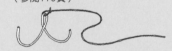

橡皮筋綁3圈
固定住。
（參閱95頁）

⑦ 底下墊一張報紙，用顏料為大蜥蜴
　畫上自己喜歡的顏色。
　（參閱完成圖）

⑧ 剪一段10cm長的鐵絲，彎曲做成如
　圖中的釣鉤。再把2m的棉線穿孔之
　後打結，做成釣竿。
　（參閱175頁）

## 玩 法

把椅墊分開當作小島，四周擺
上許多大蜥蜴，比一比，看誰
會先釣到大蜥蜴喔。

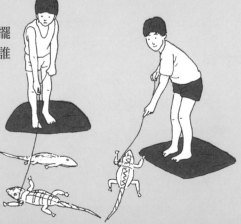

# Ⓐ 獎牌

## 工 具

圓棒（直徑3cm，長50cm）

剪刀
（剪線用）

火柴棒

手

底片盒或塑膠盒

畫筆

## 材 料

紙黏土

迴紋針

亮光漆

油漆筆

細字彩色筆

毛線

緞帶

水彩顏料

## 作法

① 紙黏土揉勻後，用圓棒壓平。

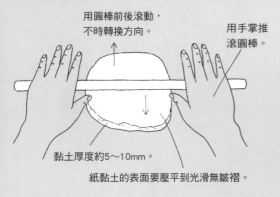

用圓棒前後滾動，不時轉換方向。

用手掌推滾圓棒。

黏土厚度約5～10mm。

紙黏土的表面要壓平到光滑無皺褶。

② 底片盒倒放在平滑的紙黏土上，壓出一個圓形。

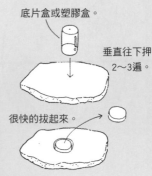

底片盒或塑膠盒。

垂直往下押2～3遍。

很快的拔起來。

③ 切口的部位用手指搓平。

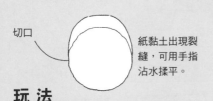

切口

紙黏土出現裂縫，可用手指沾水揉平。

④ 把迴紋針直直插入黏土當中。

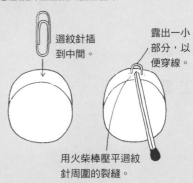

迴紋針插到中間。

露出一小部分，以便穿線。

用火柴棒壓平迴紋針周圍的裂縫。

## 玩法

可以做幾個世界獨一無二的獎牌，頒給自己或朋友喔！

⑤ 放到紙黏土完全乾透後，用水彩筆、油漆筆或細字彩色筆繪圖。也可以在還沒乾透以前用火柴棒刻劃，就可以做出凹凸的效果，等乾了以後再上色。
最後塗上亮光漆。

畫自己喜歡的圖案。

⑥ 用緞帶或毛線穿過迴紋針就完成了。

# Ⓐ 徽章

**工具**

圓棒（直徑3cm，長50cm）

畫筆

手

鑽子

（挑瓶蓋軟墊時使用）

**材料**

別針

金屬專用強力膠

彈珠

串珠

紙黏土

油漆筆

大頭針

水彩顏料

亮光漆

細字彩色筆

瓶蓋（汽水瓶蓋）

# 作法

① 紙黏土揉勻後，用圓棒壓平。

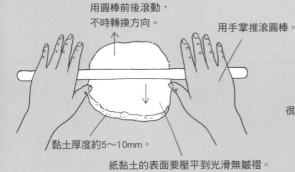

用圓棒前後滾動，不時轉換方向。

用手掌推滾圓棒。

黏土厚度約5～10mm。

紙黏土的表面要壓平到光滑無皺褶。

② 在平滑的紙黏土上用蛋糕模型壓出一個小狗的形狀。

很快的拔起。

切口用手指搓平。

③ 放到紙黏土完全乾透後，用水彩筆或油漆筆繪圖。最後塗上亮光漆。

④ 反面不用上色。用金屬專用強力膠把別針黏上去。別針要塗滿黏膠。

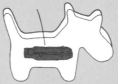

**紙黏土加上些裝飾品**

彈珠

大頭針

串珠

紙黏土還沒乾時先嵌入彈珠及串珠，並插上大頭針。等乾了以後再塗上顏料，反面用金屬強力膠把別針黏上。

## 瓶蓋做的徽章

① 先用錐子挖出瓶蓋裡的軟木墊或塑膠墊。

② 把紙黏土包覆在瓶蓋上面，捏一張小熊的臉。瓶蓋內側不要塞入紙黏土。

側面圖

軟木墊或塑膠墊

瓶蓋

③ 放到紙黏土完全乾透後，用水彩顏料上色。
最後塗上亮光漆。

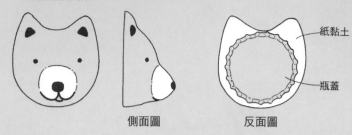

側面圖　　　　　　反面圖

　　　　　　　　　　　　　　　　　　　紙黏土

　　　　　　　　　　　　　　　　　　　瓶蓋

## 玩法

自己做各式各樣的徽章，可以和朋友交換或
當禮物送人，都非常受歡迎喔！

瓶蓋徽章的別法

把質地較薄的衣服兩面，放上
瓶蓋和軟木墊（塑膠墊），然
後夾起來就完成了。

軟木墊或塑膠墊

衣服

瓶蓋　　軟木墊或塑膠墊

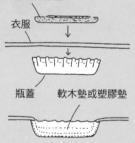

直接在瓶蓋上著色

水彩顏料無法塗在金屬品上面，
可以用壓克力顏料繪圖後再塗上
亮光漆。

# 剪刀

# 剪刀的種類

剪裁用的工具。

可以剪紙、布、木、金屬（鋁罐、鐵罐）、塑膠等製品。依材質、形狀、大小而有各種不同類型的剪刀可以使用。

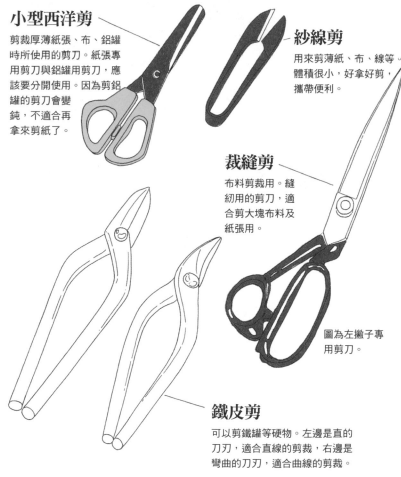

### 小型西洋剪

剪裁厚薄紙張、布、鋁罐時所使用的剪刀。紙張專用剪刀與鋁罐用剪刀，應該要分開使用。因為剪鋁罐的剪刀會變鈍，不適合再拿來剪紙了。

### 紗線剪

用來剪薄紙、布、線等。體積很小，好拿好剪，攜帶便利。

### 裁縫剪

布料剪裁用。縫紉用的剪刀，適合剪大塊布料及紙張用。

圖為左撇子專用剪刀。

### 鐵皮剪

可以剪鐵罐等硬物。左邊是直的刀刃，適合直線的剪裁，右邊是彎曲的刀刃，適合曲線的剪裁。

# 剪刀的使用方法

剪刀是做美勞工藝時，經常會使用到的工具。然而要剪的順手，並不是一件容易的事，平常要多加練習。

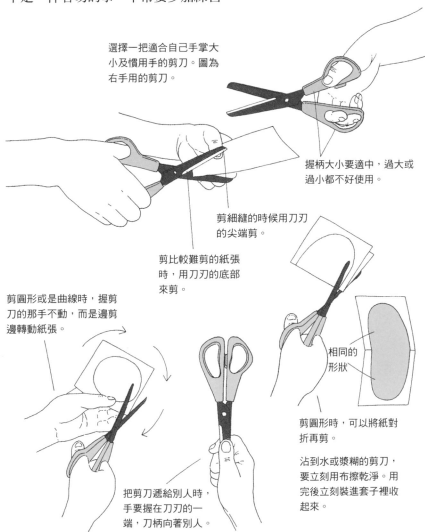

選擇一把適合自己手掌大小及慣用手的剪刀。圖為右手用的剪刀。

握柄大小要適中，過大或過小都不好使用。

剪細縫的時候用刀刃的尖端剪。

剪比較難剪的紙張時，用刀刃的底部來剪。

剪圓形或是曲線時，握剪刀的那手不動，而是邊剪邊轉動紙張。

相同的形狀

剪圓形時，可以將紙對折再剪。

沾到水或漿糊的剪刀，要立刻用布擦乾淨。用完後立刻裝進套子裡收起來。

把剪刀遞給別人時，手要握在刀刃的一端，刀柄向著別人。

# Ⓐ 塑膠面具

## 工具

剪刀

## 材料

塑膠袋
( 黑色或藍色的大型不透明塑膠袋，
尺寸約65×80cm，質地較厚的 )

不透明膠帶（紙質）

## 作法

① 把塑膠袋攤開，平放在地上。

↑
開口的地方朝下。

② 在上方剪一個自己的頭能穿過的大洞。

用剪刀剪開。

③ 把膠帶剪成眼睛、鼻子、嘴巴的形狀，然後貼在塑膠袋上。

已經貼上去的膠帶不要再撕下來，否則會弄破塑膠袋。

## 玩法

把面具套在身體上，背面也可以做不同圖案喔。如果在塑膠袋的兩邊挖個洞，那就可以像穿衣服一樣把手伸出來囉！

# Ⓐ **忍者**

## 工 具

剪刀

## 材 料

鉛筆

麥克筆

圖畫紙8開（B4）1張

吸管

棉線

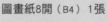

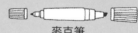
透明膠帶

# 作法

① 在圖畫紙上畫一個忍者。

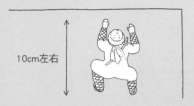

10cm左右

② 用剪刀剪下來。

背面不用畫圖。

③ 吸管剪成約3cm長的2段。用透明膠帶貼在忍者的背面,貼成八字形。

貼在中間。

④ 把2m長的棉線,從吸管中心穿過。

線繞過牆上的掛勾。

# 玩法

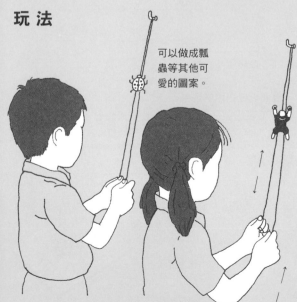

可以做成瓢蟲等其他可愛的圖案。

把棉線交互拉扯,忍者就會一步步往上爬。

在忍者身上貼一枚硬幣(5元),看看會變成什麼樣子喔。

# Ⓐ 拼音紙卡

## 工 具

剪刀

直尺

## 材 料

書面紙或是厚的包裝紙

鉛筆

色鉛筆

麥克筆

雜誌圖片

厚紙 ( 不用的名片 或明信片 )

漿糊

口紅膠

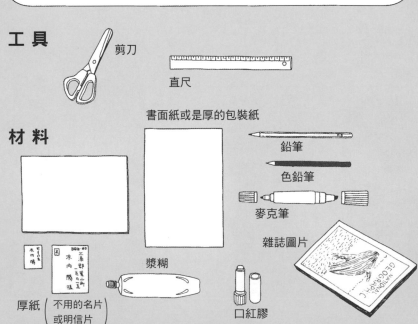

# 作法

① 在厚紙上畫出尺寸相同的方形，用剪刀剪下。

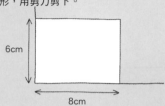

6cm

8cm

② 把剪下2～3張同樣大小的紙，用漿糊黏成紙卡。

厚度約
2～3mm。

③ 把②放在彩色書面紙上畫出範圍，四周多留1cm大小，再畫出四個斜角，然後用剪刀剪下。

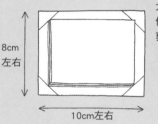

8cm
左右

10cm左右

④ 書面紙先塗上漿糊，再把厚紙卡貼在中間，把凸出的四個邊向內折。

⑤ 白色書面紙剪成四邊比厚紙卡小5mm的大小，用麥克筆或色鉛筆在上面繪圖。

5cm左右

7cm
左右

反面塗上漿糊，貼在厚紙卡的中間。

也可以把圖片剪下貼上。

反面也可以畫圖。

# 玩法

畫出用注音符號或英文字母拼音開頭的圖案。例如當一個人說「ㄅ」時，其他的人就得從圖片中找出布丁、杯子等「ㄅ」開頭的字。

# Ⓐ 迷你繪本

## 工 具

剪刀

## 材 料

圖畫紙（8開）1張

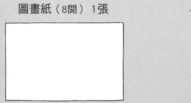

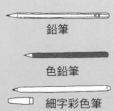

鉛筆

色鉛筆

細字彩色筆

# 作法

① 圖畫紙上下對折。

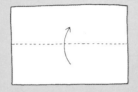

② 做出折痕後打開，再從右到左對折。

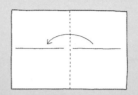

③ 兩邊再往外對折一次。

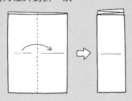

④ 打開兩邊後，將中間兩張剪開。

只剪中間的部分。

⑤ 打開來看，中間橫向的兩張是剪開的。

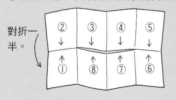

對折一半。

數字表示頁數，箭頭表示上下。依照數字和箭頭順序畫上自己喜歡的圖畫。

⑥兩側推向中間。

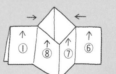

⑦ 合在一起。

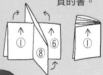

⑧ 做成一本8頁的書。

# 玩法

這是你自己做的世界獨一無二的迷你繪本喔！也可以用較大紙張做大開本的繪本。

# Ⓐ 滑稽臉譜

## 工具

剪刀

## 材料

透明膠帶

鉛筆

蠟筆

色紙

紙繩

口紅膠

圖畫紙（8開）2張

72

## 作法

① 用繩子在圖畫紙上繞出貓咪的臉形
（其他動物的臉形也可以）。

先用鉛筆
畫臉形，
再用繩子
把輪廓繞
出來。

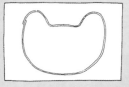

② 透明膠帶切成2cm的長度，一段一
段把繩子固定在圖畫紙上。

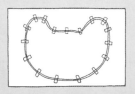

③ 用蠟筆在中間畫上貓咪的鬍子。

④ 在另一張圖畫紙上畫眼睛、鼻子、嘴巴
等，然後用剪刀剪下。

也可以畫和眼
睛、鼻子、嘴
巴相似的食物
來代替。

飯糰
奶油麵包
魚

⑤ 把眼睛（飯糰）、鼻子（奶油麵包）、嘴巴
（魚）貼在色紙的反面，剪下來以後，另一
面也貼上色紙。

正面·白色　正面·褐色　正面·藍色

剪一小
塊色紙
貼上。

不同的組合方式，會有不同的效果。

## 玩法

把眼睛蒙上，在貓
咪的臉上依序排上
眼睛（飯糰）、鼻
子（奶油麵包）、
嘴巴（魚）。你會
變出各種滑稽搞笑
的臉譜喔！

# Ⓐ 螺旋升官圖

螺旋升官圖

命運
1點：走捷徑到
18，其他點數
休息2次。

命運
6點：走捷徑到24，
其他點數；休息2次。
1點：走捷徑到
6點：回到起點

起點

終點

## 工 具

剪刀

畫筆

## 材 料

水彩顏料

小石子，與人數相同

麥克筆

細字彩色筆

圖畫紙（4開）2張

漿糊

## 作法

① 在圖畫紙上畫一個大的螺旋形狀。

基本型

② 拿剪刀把另一張圖畫紙剪成許多小塊，塗上和螺旋不同顏色的顏料。

③ 乾了以後，用麥克筆寫上數字、文字和符號（參閱完成圖）。

④ 在螺旋上貼上③的小塊。

⑤ 小石子洗乾淨後塗上顏料，當作棋子用。

紅　藍　黃　綠　　貝殼　汽水瓶蓋　硬幣　糖果　也可以拿其他的東西當棋子用。

## 玩法

用自己做的骰子來玩，更有趣。規則和玩法可以大家一起決定喔。

骰子的作法
參閱76頁

75

# Ⓑ 骰子

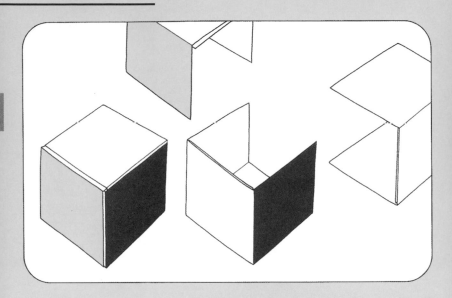

## 工 具

剪刀

## 材 料

不用的明信片 3張
或厚紙

色紙

透明膠帶

口紅膠

鉛筆

## 作 法

① 把明信片對半折。

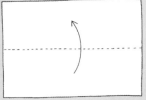

② 打開後在一角折一個三角形。

③

④

⑤ 打開，粗線的部分用剪刀剪開。

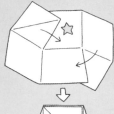

⑥ 折成盒子的形狀。

⑦ 盒子的一面，貼上色紙。

用漿糊貼上。

用鉛筆描出來，再剪下來。

轉過來。

貼上透明膠帶固定。

插進2張紙的中間。

⑧ 做3個相同的盒子，如右圖組合起來，就可以變成骰子的形狀。

## 玩 法

六面寫上數字或畫上點數，就可以在各種遊戲中使用囉。

插進2張紙的中間。

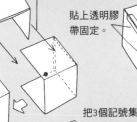

把3個記號集中在同一個角。

盒子比較不容易損壞。

77

# Ⓐ 鉛筆套圈圈

## 工具

剪刀

畫筆

## 材料

透明膠帶

彩色膠帶

圖畫紙（8開）2張

色紙

水彩顏料

ボンド

樹脂

鉛筆

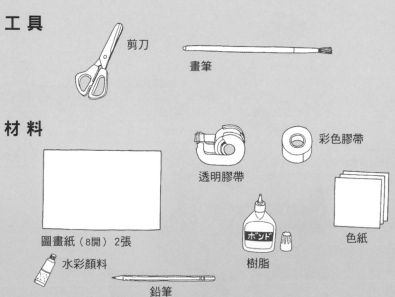

# 作 法

① 圖畫紙剪成和鉛筆等長的條狀，
再把鉛筆捲起來做成圓筒。

② 鉛筆抽出來，在圓筒底部剪出幾
條2cm長的縱線，向外折出。

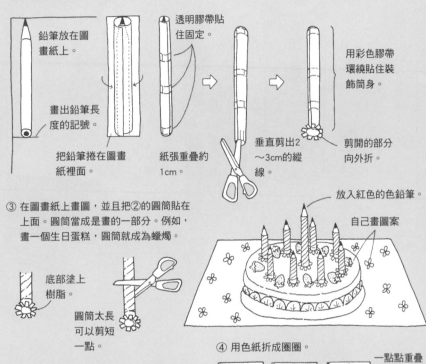

鉛筆放在圖
畫紙上。

畫出鉛筆長
度的記號。

把鉛筆捲在圖畫
紙裡面。

透明膠帶貼
住固定。

紙張重疊約
1cm。

垂直剪出2
～3cm的縱
線。

用彩色膠帶
環繞貼住裝
飾筒身。

剪開的部分
向外折。

③ 在圖畫紙上畫圖，並且把②的圓筒貼在
上面。圓筒當成是畫的一部分。例如，
畫一個生日蛋糕，圓筒就成為蠟燭。

底部塗上
樹脂。

圓筒太長
可以剪短
一點。

放入紅色的色鉛筆。

自己畫圖案

④ 用色紙折成圈圈。

一點點重疊

用透明膠帶貼
住固定。

# 玩 法

每個圓筒下
標示不同的
分數。從
2～3m遠的
地方投出圈
圈，比比看
誰套的分數
最高！

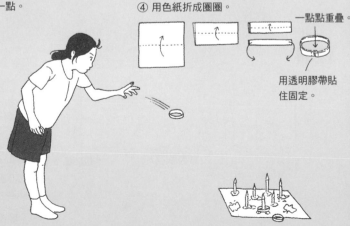

# Ⓐ 玩偶保齡球

## 工具

剪刀

直尺

## 材料

鐵罐
（果汁的空罐）

彩色圖畫紙

磁鐵

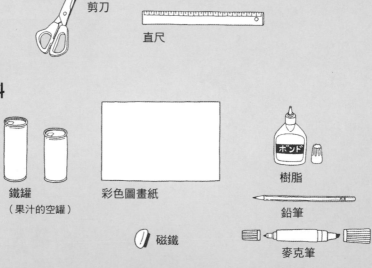

樹脂

鉛筆

麥克筆

# 作法

① 依照鐵罐大小,在有顏色的圖畫紙上用鉛筆做記號。

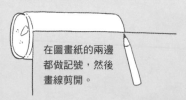

在圖畫紙的兩邊都做記號,然後畫線剪開。

② 把圖畫紙捲在罐子上,在約1～2cm重疊的地方做記號畫線,然後剪開。

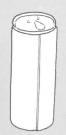

③ 用麥克筆在剪下的圖畫紙上畫圖。只要在紙中間畫上玩偶的身體部分就可以了。

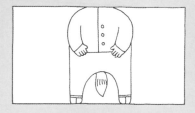

④ 把紙捲在鐵罐上,重疊的部分用樹脂黏合。

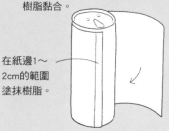

在紙邊1～2cm的範圍塗抹樹脂。

⑤ 圖畫紙上畫小動物的臉孔,然後剪下,再用磁鐵吸附在罐上。

# 玩 法

玩偶罐子排好後,再找一個空罐當球,就可以玩保齡球了。玩偶的臉和身體,可以隨意變換組合喔。

# Ⓐ 大嘴青蛙

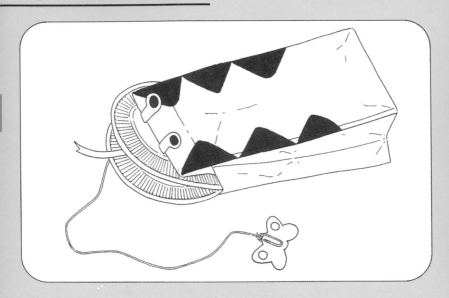

## 工 具

剪刀

## 材 料

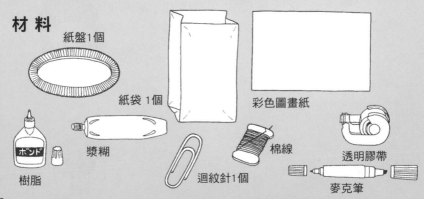

紙盤1個

紙袋 1個

彩色圖畫紙

ボンド

樹脂

漿糊

迴紋針1個

棉線

透明膠帶

麥克筆

# 作法

① 紙盤對折成一半。

② 彩色圖畫紙剪成眼睛和舌頭,用漿糊黏在紙盤上。

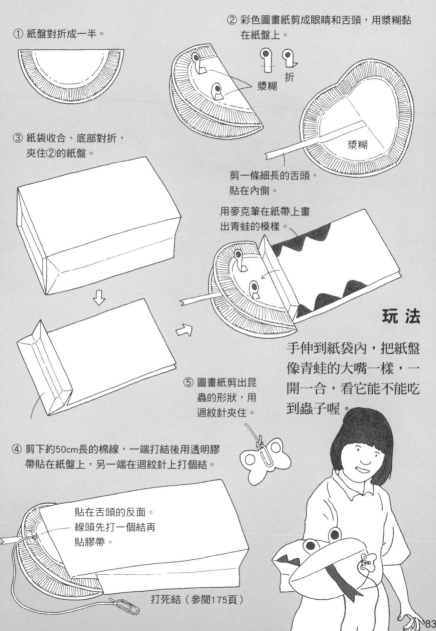

漿糊

折

漿糊

剪一條細長的舌頭,貼在內側。

③ 紙袋收合、底部對折,夾住②的紙盤。

用麥克筆在紙帶上畫出青蛙的模樣。

# 玩法

手伸到紙袋內,把紙盤像青蛙的大嘴一樣,一開一合,看它能不能吃到蟲子喔。

⑤ 圖畫紙剪出昆蟲的形狀,用迴紋針夾住。

④ 剪下約50cm長的棉線,一端打結後用透明膠帶貼在紙盤上,另一端在迴紋針上打個結。

貼在舌頭的反面。
線頭先打一個結再貼膠帶。

打死結(參閱175頁)

83

# Ⓐ 機械手

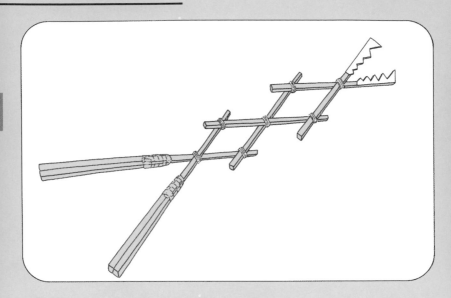

## 工 具

剪刀

## 材 料

橡皮筋 7條

免洗筷 5雙

彩色膠帶

厚紙板

樹脂

麥克筆

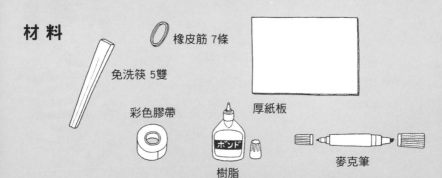

# 作法

① 免洗筷子扳開後，2根筷子用橡皮筋綁在一起。

橡皮筋繞幾圈綁緊。

用力拉出。

② 把2副①的筷子合在一起，用橡皮筋交叉綁住後打開。

和①一樣用橡皮筋綁緊。

③ 兩邊再用橡皮筋固定一根筷子。

橡皮筋綁住交叉。

橡皮筋固定。

橡皮筋固定。

④ 厚紙剪成鋸齒狀，用樹脂貼在筷子上。

用三夾板做更堅固。

⑤ 握柄用的免洗筷不要分開，用膠帶直接貼在筷子上。

⑥ 筷子用麥克筆塗上顏色。

# 玩法

在手搆不到的高處，用機械手就可以幫忙拿到東西喔！

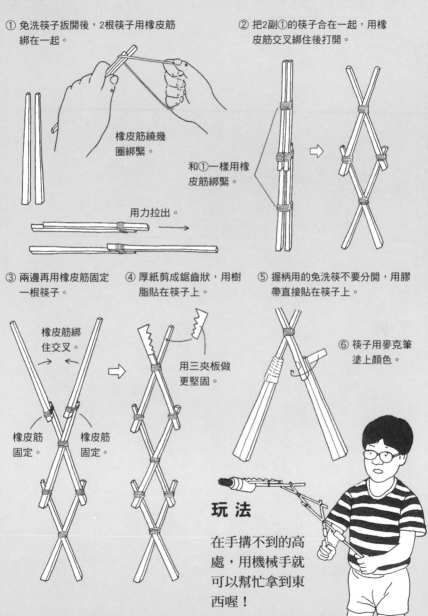

85

# Ⓐ 小小風箏

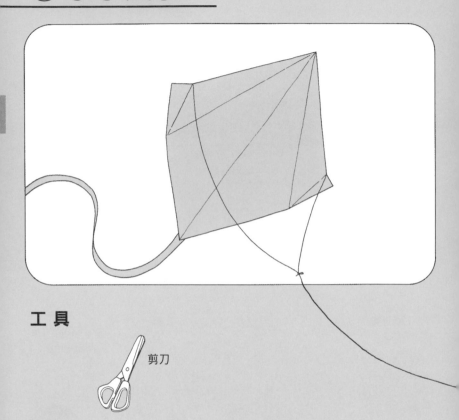

## 工 具

剪刀

## 材 料

色紙 1張

透明膠帶

棉線

紙膠帶

## 作法

① 對折成三角形。

② 反面用相同的折法。

方向轉變成直立式。

③ 反面用相同的折法。

配合紙張大小，剪一段適當長度的線，把兩端的線頭用2cm的紙膠帶，固定在ⓐ和ⓑ上。

④ 打開，貼上線和尾巴。

透明膠帶

反面是白色。

尾巴

ⓐ

ⓑ

紙膠帶

剪一段50～100cm的紙帶，用2cm的透明膠帶固定。風強的時候，尾巴可以加長。

⑤ 紙張對折合起來，在線的中央打一個結。

打結的方法

線圈上打一個活結。

繞個圈圈。

把線拉緊。

線圈

拉線

線頭拉開，拉線就可以解開。

線太粗會影響風箏的高度。

## 玩法

風不大的日子，小小風箏會撲嚕撲嚕緩緩的飛上天喔！

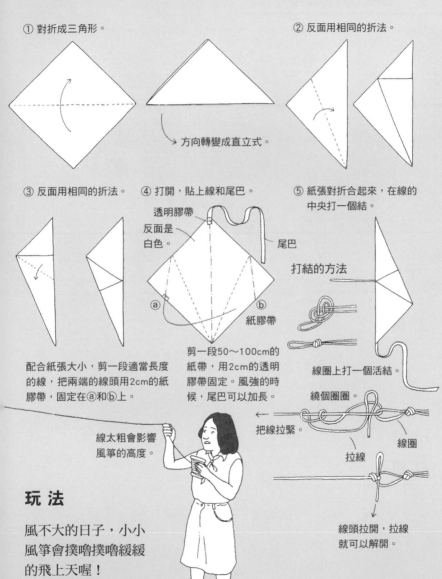

# Ⓐ 罐頭笛子

## 工具

 剪刀

手套

## 材料

鋁罐
(果汁或汽水)
空罐

透明膠帶

彩色膠帶

彩色圖畫紙

吸管

樹脂

麥克筆

# 作 法

① 吸管剪成兩半。

② 兩根吸管用透明膠帶貼在一起。

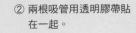

貼這兩個地方。

③ 把②的吸管對著罐口吹氣，試試看，能不能吹出好聽的聲音。

透明膠帶捲起來貼住。

吸管用透明膠帶固定在罐口上。

④ 圖畫紙剪出貓頭鷹圖案，用樹脂貼在罐上。

用麥克筆畫。

圖畫紙剪出翅膀的形狀，再用筆畫上羽毛的圖樣。

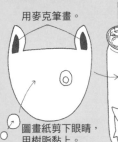

用樹脂黏上。

圖畫紙剪下眼睛，用樹脂黏上。

圖畫紙剪成三角形，重疊黏貼。

鳥嘴

1

圖畫紙對折，剪成一個斜角。

2

剪1cm長的直線。

圖畫紙剪的。

3

折起來黏在臉上。

⑤ 將鋁罐剪成不同長度後，用彩色膠帶貼起來做成不同聲音的笛子。

戴手套把切口撐開來。

切口不整齊的地方用剪刀修齊。

稍微壓進去。

用膠帶固定起來。

# 玩 法

罐子的高度和大小，會改變聲音的高或低。加入水後吹吹看，不同的水量也會發出不同的高低音。試試看用1根吸管吹的聲音大，還是用3根吸管吹的聲音大。

# Ⓐ 罐頭魚

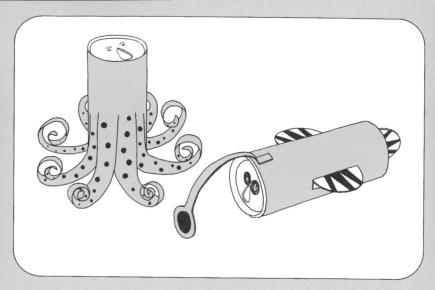

## 工具

剪刀

## 材料

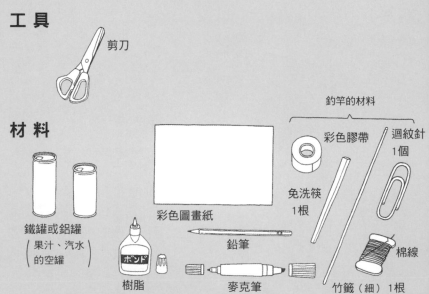

鐵罐或鋁罐
（果汁、汽水
的空罐）

彩色圖畫紙

樹脂

鉛筆

麥克筆

釣竿的材料

彩色膠帶

免洗筷
1根

迴紋針
1個

棉線

竹籤（細）1根

## 作 法

① 依罐子的大小，用鉛筆在圖畫紙上做記號。

圖畫紙的兩端做記號，畫線剪開。

② 圖畫紙捲在罐子上，重疊1～2cm的地方做記號畫線剪開。

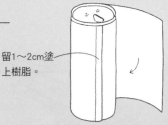

留1～2cm塗上樹脂。

③ 在紙上畫出魚鰭和魚尾的形狀，然後剪下。

折彎的部分塗膠。

用麥克筆畫出眼睛。

④ 魚鰭和魚尾用麥克筆著色，或用色紙剪好貼上。然後將它們用樹脂黏在空罐上。

章魚

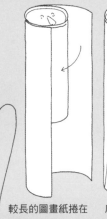

## 玩 法

用迴紋針做的釣鉤，對準罐口把魚釣起來！要小心的把釣線慢慢拉起來，否則上鉤的魚還是會溜走喔！

較長的圖畫紙捲在空罐上貼起來。

底部剪成幾個尖角後，往上捲起來。

（釣竿作法參閱93頁）

91

# Ⓐ 紙杯魚

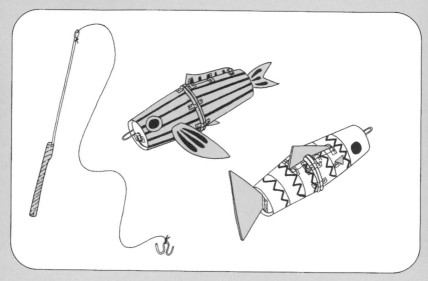

## 工具

✂ 剪刀

## 材料

紙杯 2個

彩色圖畫紙

釣竿的材料

彩色膠帶

免洗筷 1根

迴紋針 1個

麥克筆

竹籤（細）1根

迴紋針

透明膠帶

棉線

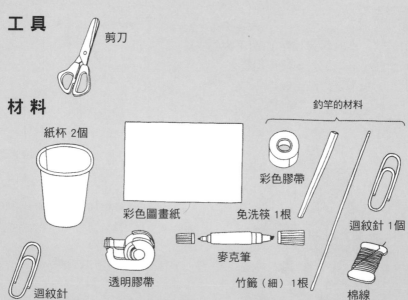

# 作法

① 將兩個紙杯合在一起，用透明膠帶貼好。

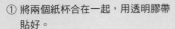

用長約3cm的透明膠帶先貼住四面，再用膠帶繞紙杯1圈貼緊。

② 圖畫紙上畫出背鰭和魚尾，剪下來。

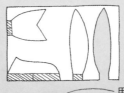

預留黏貼的部分，要一起剪下。

用麥克筆畫上圖案。

黏貼處。

③ 把背鰭和魚尾用透明膠帶貼在紙杯上。

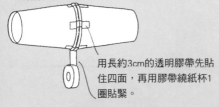

從黏貼處的中央剪開，左右折開貼住。

④ 扳開迴紋針，貼在杯底。

扳成直角。

透明膠帶。

側面圖

⑤ 用麥克筆畫眼睛和身上的條紋。

⑥ 做釣竿和釣鉤。

打結，用透明膠帶纏繞貼緊。

竹籤

棉線（1m左右）

免洗筷

用彩色膠帶捲貼住。

迴紋針（釣鉤）

迴紋針彎成W的形狀。

1  2  3

棉線從中間小洞穿過，再打個結。

# 玩法

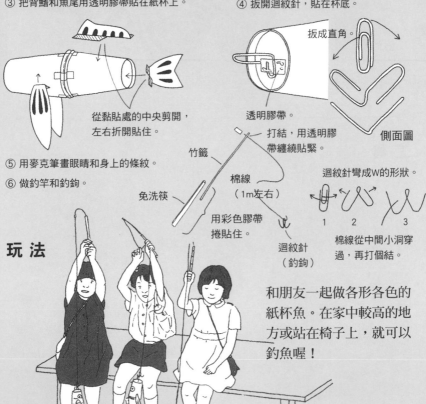

和朋友一起做各形各色的紙杯魚。在家中較高的地方或站在椅子上，就可以釣魚喔！

# Ⓐ 糖果魚

## 工具

剪刀

## 材料

塑膠袋
黑色或藍色大型不透明塑
膠袋，尺寸約65×80cm，
質地較厚的

麥克筆

紙杯

橡皮筋

迴紋針

糖果

透明膠帶

免洗筷
1根

釣竿的材料

棉線

迴紋針 1個

彩色膠帶

竹籤（細）
1根

# 作法

① 剪開塑膠袋側面和底部。

側面的部分要從裡面剪才會整齊。

將剪刀伸入袋內剪。

② 打開成1整張,再剪成8等分。

1張塑膠袋可做1隻魚。

③ 從上面覆蓋紙杯。

塑膠袋剪成一半

糖果放入杯裡

④ 綁上橡皮筋。

⑤ 塑膠袋由下慢慢往上拉起。

⑥ 用橡皮筋捆綁起來。

⑦ 迴紋針彎起來,用透明膠帶貼住。

（迴紋針的彎法參閱93頁）

⑧ 用麥克筆畫上眼睛。

可用衣夾代替橡皮筋來固定。

綁橡皮筋的方法

把橡皮筋繞3圈,再用3根手指撐開,塑膠袋放入橡皮筋的圈圈裡,鬆開手指。

# 玩法

大家一起做很多條糖果魚,有些盒子裡面放糖果,有些不放,看看哪一個人能釣到最多的糖果!

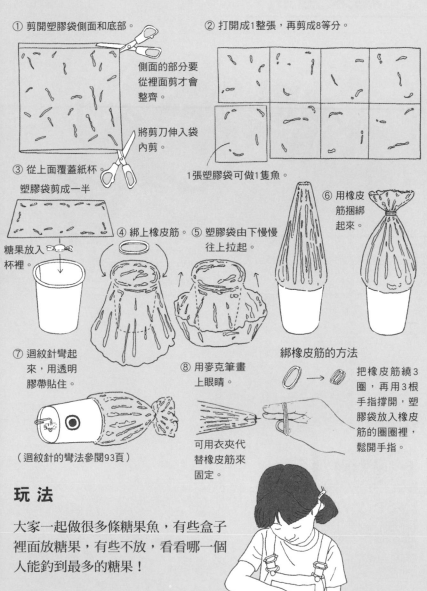

# Ⓐ 晴天金魚

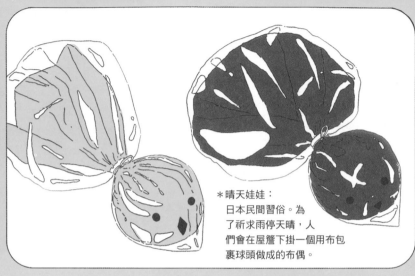

*晴天娃娃：
日本民間習俗。為
了祈求雨停天晴，人
們會在屋簷下掛一個用布包
裹球頭做成的布偶。

## 工 具

剪刀

畫筆

## 材 料

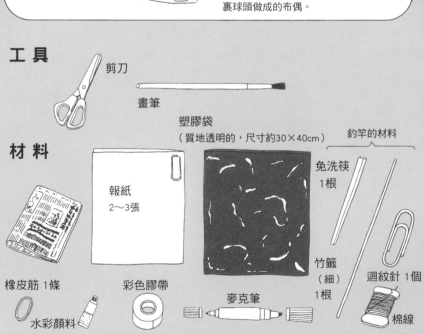

報紙
2～3張

塑膠袋
（質地透明的，尺寸約30×40cm）

釣竿的材料

免洗筷
1根

竹籤
（細）
1根

迴紋針 1個

橡皮筋 1條

水彩顏料

彩色膠帶

麥克筆

棉線

# 作法

① 報紙打開，單面用水彩顏料著色。

平筆沾顏料塗
滿整面。

完全透乾再做下個一步驟。

② 把①的報紙翻面，包住揉成圓球的報紙。

2張報紙揉
成的圓球。

不需要著色。

③ 做成晴天金魚的形狀。

有著色的一面。

④ 放到塑膠袋裡面。

頭部放到塑膠袋
的最角落。

⑤ 用彩色膠帶捲貼起來。

⑥ 用橡皮筋打一個結。

# 玩 法

做一支釣竿來玩釣金魚
的遊戲，或是用橡皮筋
把3～4隻金魚串連掛起
來，當作祈求好天氣的
晴天金魚喔！

橡皮筋打結的方法　食指插進去做　圈結完
　　　　　　　　　出空隙。　　　成了。

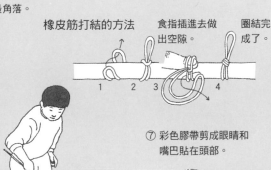

1　　2　　3　　4

⑦ 彩色膠帶剪成眼睛和
　嘴巴貼在頭部。

正面圖

# Ⓐ 圓筒魚

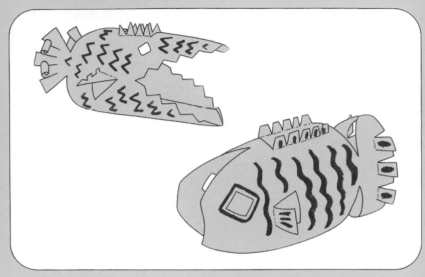

## 工 具

剪刀

畫筆

## 材 料

水彩顏料

彩色圖畫紙

透明膠帶

釣竿的材料

免洗筷 1根

竹籤（細） 1根

迴紋針 1個

棉線

彩色膠帶

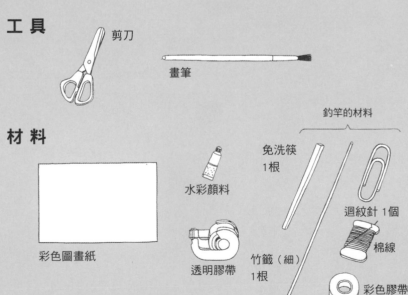

# 作法

① 圖畫紙捲成圓筒的形狀。

中間先貼一段膠帶比較容易捲。

重疊1〜2cm。

接縫處用6〜7段透明膠帶貼住。

② 圓筒壓平，剪出魚體的形狀。

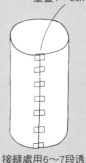

貼膠帶的部分在下方。

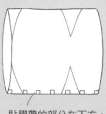

圓筒復原後，就變成魚的形狀了。

③ 剪出背鰭和魚尾的線段。線段約2〜3cm。

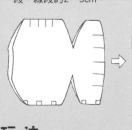

圓筒復原後的俯瞰圖

頭

直線剪開。

尾

把剪開的部分折出來。

# 玩 法

釣竿做好就可以釣魚了。只要勾住魚身上有洞的地方就可以喔！

剪三角形。　直線剪開。

④ 剪出眼睛和腹鰭。

將圓筒壓平。

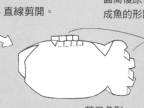

剪三角形。　直線剪開。

⑤ 復原成圓筒形狀，魚身用顏料繪圖。

（釣竿的作法參閱93頁）

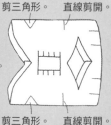

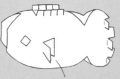

圓筒復圓後，剪出斜角，折出來。

99

# Ⓐ 捲軸

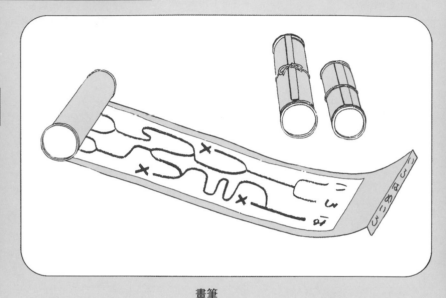

## 工具

畫筆

直尺

剪刀

## 材料

舊報紙

和紙或棉紙

水彩顏料

鐵罐

彩色書面紙 1張

橡皮筋或繩子

漿糊

鉛筆

點心盒（可放入罐子的大小）

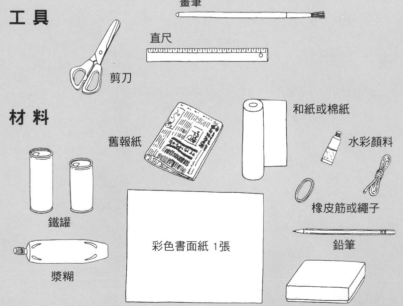

# 作 法

① 鐵罐平放，把書面紙放在罐上，量出
鐵罐的長度，用鉛筆做一個記號。

紙張的反面做記號。

③ 用剪刀沿著線剪下。

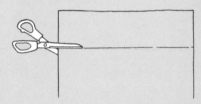

② 書面紙兩邊做好記號以後，用長尺
把記號畫線連起來。也可以照著兩
邊的記號往內折。

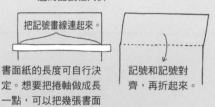

把記號畫線連起來。

書面紙的長度可自行決
定。想要把捲軸做成長
一點，可以把幾張書面
紙黏接起來。

記號和記號對
齊，再折起來。

④ 剪一張比書面紙小的棉紙。

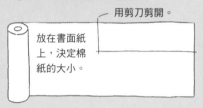

用剪刀剪開。

放在書面紙
上，決定棉
紙的大小。

⑤ 打開報紙，把剪下來的棉紙放在上面，再
用紙鎮壓住四個角，在棉紙上用水彩顏料
畫圖。

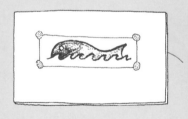

報紙重疊
2～3張。

⑥ 畫好圖的棉紙放在報紙上，或用洗衣夾
吊起來晾乾。

⑦ 將③的書面紙貼在罐上捲起來。

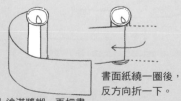

書面紙繞一圈後，
反方向折一下。

罐子上塗滿漿糊，再把書
面紙貼上去。

⑧ 晾乾的棉紙貼在書面紙上。

棉紙周圍塗上少許的
漿糊就可以了。

⑨ 書面紙的邊緣向後折3cm左右。

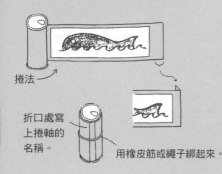

捲法

折口處寫
上捲軸的
名稱。

用橡皮筋或繩子綁起來。

⑩ 用鐵罐底部在棉紙上畫出一個圓形。

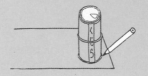

⑪ 把圓剪下來，貼在罐口的地方。

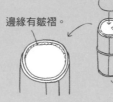

邊緣有皺褶。

紙張會比罐
口大，把邊
緣折一下再
貼上去。

底部不貼也可以。

貼之前先把圖畫
好，或等到貼好
乾了以後再畫。

⑫ 做一個放捲軸的盒子。

剪一張配合盒子大小
的棉紙，繪圖。待顏
料乾透後，用漿糊貼
在盒蓋上。

## 玩 法

做一個自己畫的迷宮或是
藏寶圖的捲軸和朋友一起
玩吧！如果想做長一點的
迷宮圖，除了用漿糊把書
面紙黏接起來，還可直接
把棉紙捲在罐子上喔！

# Ⓐ 賀卡

立體卡片

圖片賀卡

變臉聖誕卡

海綿賀卡

## 工具

剪刀

畫筆

## 材料

信封

色紙

水彩和
壓克力顏料

海綿

口紅膠

雜誌

樹脂

圖畫紙、西卡紙、
彩色圖畫紙

鉛筆

色鉛筆

細字彩色筆 水性

麥克筆 油性

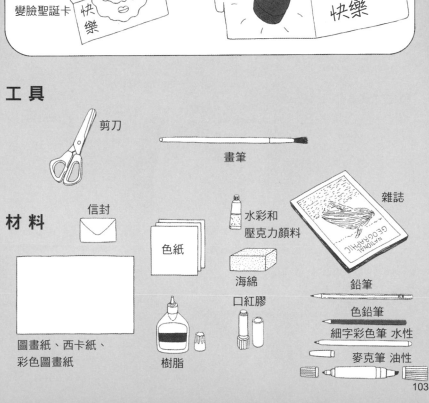

# 作 法

## 立體卡片

① 西卡紙對折，剪成可以放入信封內的大小。

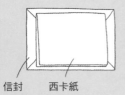

信封　西卡紙

② 對折的西卡紙上，畫上圖畫的線條後用剪刀剪開。

剪的時候不要超過紙的中線。

要剪的線條畫在紙的一面即可。

剪完後打開的樣子。

③ 剪開的部分凸起折好，把卡片往內折。

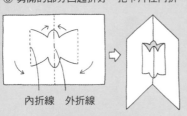

內折線　外折線

④ 打開卡片，用麥克筆上顏色，再用色紙做出蝴蝶的觸角。

用口紅膠黏貼觸角。

空白的地方寫上文字。

⑤ 把彩色圖畫紙貼在④的背面。

把對折後的其中一面塗膠。

剪稍大一點的彩色圖畫紙。

先貼一面在圖畫紙上，再貼另一面，然後對折。

把彩色圖畫紙多出的邊緣剪掉。

TO
MIKI
FROM
NORIKO

外面可以畫圖或寫字。

可以剪成圓角。

## 變臉聖誕卡

① 圖畫紙對折，剪成可以放入信封內的大小。

② 把對折圖畫紙的兩面再向外折一半。

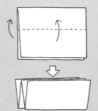

③ 如圖把外翻的兩面合起來畫聖誕老公公。

④打開，中間空白處畫上其他圖案。

⟩ 小狗的臉

⟩ 聖誕老公公的臉

⑤反面用相同的方式繪圖。

## 圖片賀卡

① 圖畫紙對折，剪成可以放入信封內的大小。

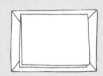

② 再剪一個比①小的四方形，如圖折好。

③ 把②貼在①的裡面。

口紅膠黏住。

④ 從雜誌上找一張漂亮的蛋糕圖片，剪下來。

⑤ 圖畫紙剪一個盤子的形狀，把④的圖片貼上去，再貼到③上面。

口紅膠黏住。

用口紅膠黏在這上面。

生日快樂

## 海綿賀卡

① 圖畫紙對折，剪成可以放入信封內的大小。

② 兩邊如圖剪成合起來可以扣住的形狀。

用色鉛筆寫字或畫圖。

中心

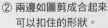

中心

③ 海綿剪成自己喜歡的圖形，用壓克力顏料塗顏色。

# 玩 法

在聖誕節或朋友生日來臨前，動手做張卡片送給他吧！

④ 海綿的一面塗上樹脂，貼在卡片上。

TO
♡
TATSUYA

放在遮陰處晾乾。

# Ⓐ 服裝秀

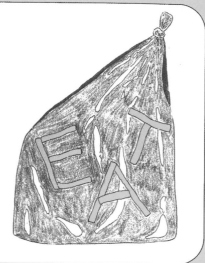

## 工 具

剪刀

## 材 料

塑膠袋
黑色或藍色的大型不透明
塑膠袋，尺寸約
65×80cm，質地較厚的

不透明膠帶（布質）

彩色膠帶

麥克筆

油漆筆

# 作 法

## 第ⓐ款衣服

① 剪刀沿線剪開。

頭可以套入的大小。

袋口

② 彩色膠帶貼在
腰間當腰帶。

不要貼太緊。

③ 另一個塑膠袋剪下2個
口袋貼上。

油漆筆

彩色膠帶

麥克筆

口袋稍微膨出，邊緣用
彩色膠帶貼住。

## 第ⓑ款衣服

④ 沿線用剪刀剪開。

⑤ 肩上打一個結。

也可用膠帶貼
起來的方法代
替打結。

用彩色膠帶
黏貼成文字
或圖案。

可以穿脫的腰帶作法

膠帶對折貼起來，
做成腰帶。

貼上膠帶固定。

# 玩 法

穿上自己做的洋裝，走
一場好玩又時髦的服裝
秀吧！

# Ⓐ 降落傘

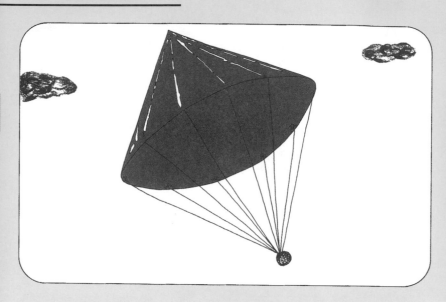

## 工 具

剪刀

## 材 料

塑膠袋
(黑色或藍色的大型不透明塑膠袋，
尺寸約65×80cm，質地較厚的)

棉線

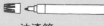

油性黏土

透明膠帶

油漆筆

## 作法

① 塑膠袋打開，斜折成5等分的三角形。

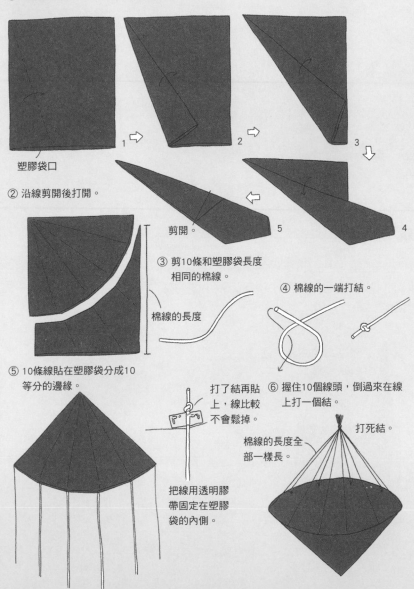

塑膠袋口

② 沿線剪開後打開。

剪開。

③ 剪10條和塑膠袋長度
相同的棉線。

棉線的長度

④ 棉線的一端打結。

⑤ 10條線貼在塑膠袋分成10
等分的邊緣。

打了結再貼
上，線比較
不會鬆掉。

⑥ 握住10個線頭，倒過來在線
上打一個結。

打死結。

棉線的長度全
部一樣長。

把線用透明膠
帶固定在塑膠
袋的內側。

⑦ 10個線頭的結上面，包裹上黏土團做成
　　的把手。

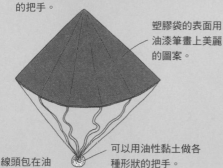

塑膠袋的表面用
油漆筆畫上美麗
的圖案。

可以用油性黏土做各
種形狀的把手。

線頭包在油
性黏土中，
捏成一個拇
指大小的丸
子形狀。

人形　　火箭形

## 玩 法

到空曠的地方，把折疊好的降落傘往高空一
拋就可以了。也可以用小塑膠袋做小型的降
落傘喔！

### 降落傘的折疊方法

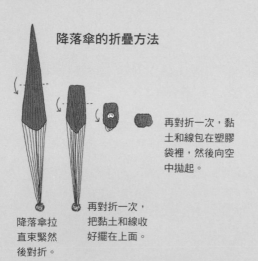

再對折一次，黏
土和線包在塑膠
袋裡，然後向空
中拋起。

降落傘拉
直束緊然
後對折。

再對折一次，
把黏土和線收
好擺在上面。

# Ⓐ UFO 2號

## 工 具

剪刀

## 材 料

紙杯 3個

彩色膠帶

## 作 法

① 把2個紙杯重疊在一起，用剪刀剪成8等分。

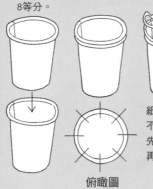

紙杯重疊套住
不要散掉。
先剪成4等分，
再剪成8等分。

俯瞰圖

② 2個紙杯分開，形成8個葉片。
把杯子的裡側合在一起。

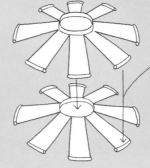

葉片對著
葉片重疊
合起來。

③ 重疊的葉片用彩色膠帶貼住。

保留1個葉片
不要貼住。

④ 從杯口一直往下剪到剩3分之2的地方，再橫向剪成上下二段。

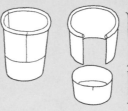

做皇冠用。

從③的2個葉片
中插入。

## 玩 法

握住葉片，到空曠的場
地拋出去就可以飛了！

⑤ 下段杯底的部分，從葉片的開口處塞入。

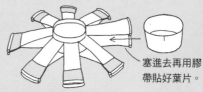

塞進去再用膠
帶貼好葉片。

⑥ 做一頂皇冠套在UFO上。

把杯口剪掉。

剪成三角形，
往外折出。

配合杯底的洞口大小
捲成圓筒狀，用膠帶
固定。

# Ⓐ 大象耍把戲

## 工具

剪刀

## 材料

圖畫紙（8開）半張

吸管
（可彎曲）

透明膠帶

樹脂

圖釘

麥克筆

保麗龍
3cm
3cm
3cm

## 作 法

① 圖畫紙對折，吸管彎曲後如圖放好，配合吸管的長度在紙上畫一隻大象。

吸管的頭尾凸出畫外3cm。

大象的背部剛好對著圖畫紙中間的折線。

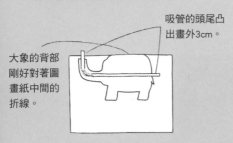

② 用剪刀把對折圖畫紙上的大象圖案剪下。兩邊都塗上顏色。

象背中間部分不要剪斷，打開後象背會連在一起。

③ 吸管彎曲，貼在大象的一邊。

透明膠帶貼住吸管的4個位置。

貼在裡側。

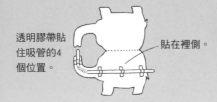

④ 鼻子上的吸管，用剪刀垂直剪成4片。

鼻頭用透明膠帶繞緊。

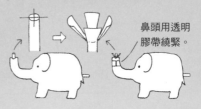

⑤ 割一塊拇指大小的保麗龍，做成骰子的形狀。

先把大塊的保麗龍剝成小塊，再用剪刀修整或是在水泥地上磨一磨。

⑥ 每個角磨成圓弧形，中間插上圖釘。

圖釘塗上樹脂讓它固定。

麥克筆塗上顏色。

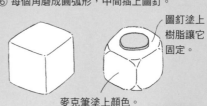

## 玩 法

輕輕的吹氣，球會在空中飛舞喔！誰能讓球上下飛舞的時間最久，誰就是贏家。
大象耍把戲的主角還可以換鯨魚、海獅做做看！

有圖釘的那面朝下。

# Ⓑ 變臉盒子

## 工 具

剪刀

直尺

## 材 料

鮮奶盒

圖畫紙（8開）3張

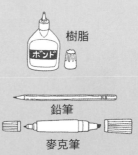

樹脂

鉛筆

麥克筆

# 作 法

① 用直尺量出鮮奶盒的高度，
分成3等分。（1000cc的鮮
奶盒高度是20cm）

② 以1000cc鮮奶盒為例，用等
高的圖畫紙可劃分成6.5cm
和6.8cm寬度的紙帶。

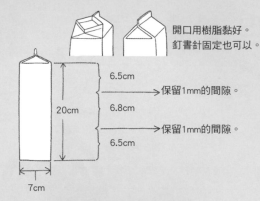

開口用樹脂黏好。
釘書針固定也可以。

6.5cm
→保留1mm的間隙。
6.8cm
→保留1mm的間隙。
6.5cm

20cm

7cm

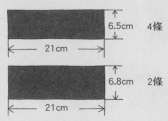

6.5cm　4條
← 21cm →

6.8cm　2條
← 21cm →

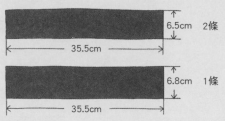

6.5cm　2條
← 35.5cm →

6.8cm　1條
← 35.5cm →

③ 紙帶包覆在盒子外，做出折痕。

④ 長的紙帶貼在鮮奶盒上的位置。

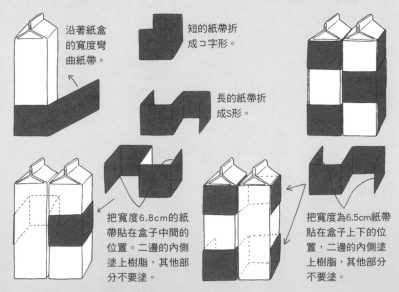

沿著紙盒
的寬度彎
曲紙帶。

短的紙帶折
成コ字形。

長的紙帶折
成S形。

把寬度6.8cm的紙
帶貼在盒子中間的
位置。二邊的內側塗
上樹脂，其他部
分不要塗。

把寬度為6.5cm紙帶
貼在盒子上下的位
置，二邊的內側塗
上樹脂，其他部分
不要塗。

⑤ ㄷ字形的短紙帶上塗樹脂，左右旋
　轉紙盒，找出沒有紙帶的ㄷ字形區
　域貼上去。
　不可以貼成 Z 字形。

有6個地方可以貼。
寬6.8cm的紙帶貼
在中間的位置。

內側的3面全部塗上樹脂。

⑥ 用麥克筆和色鉛筆在盒子上畫臉譜。
　全部可以畫7個面。

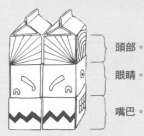

頭部。

眼睛。

嘴巴。

如下圖畫臉譜，總
共可以做出10種不
一樣的臉譜呢！

向外翻轉2次，臉部的表情會改變，
笑臉也會變哭臉喔！

# 玩法

把兩個鮮奶盒往內、往外轉來轉
去，就會出現各種不同的臉喔！
也可以畫動物的臉、交通工具或
是任何你喜愛的東西。

# Ⓑ 大旋轉雲霄飛車

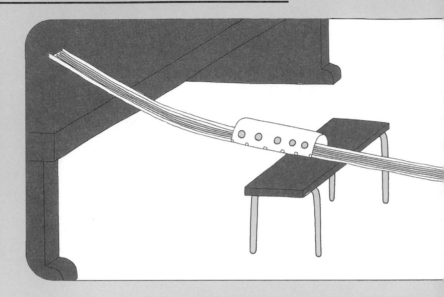

## 工 具

剪刀

## 材 料

圖畫紙（8開）8張

吸管

彈珠（中型）

透明膠帶

麥克筆

## 作法

① 圖畫紙折成4等分。

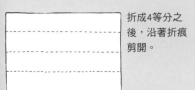

折成4等分之
後，沿著折痕
剪開。

③ 2～3cm重疊處，用透明膠帶貼牢。

② 剪下的圖畫紙往兩邊折入1cm的寬度。

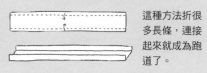

這種方法折很
多長條，連接
起來就成為跑
道了。

④ 吸管的一端剪成十字型開口，再連
　接起來。

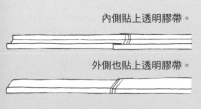

內側貼上透明膠帶。

外側也貼上透明膠帶。

一端剪出約3cm的十字型開口，
另一端不要剪。

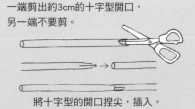

將十字型的開口捏尖，插入。

⑤ 在③圖畫紙凹入的一側，用透明膠帶貼兩排④的吸管。

吸管的間
隔配合彈
珠大小。

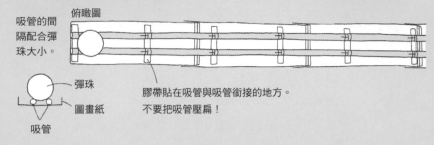

俯瞰圖

膠帶貼在吸管與吸管銜接的地方。
不要把吸管壓扁！

彈珠
圖畫紙
吸管

## 旋轉軌道的作法

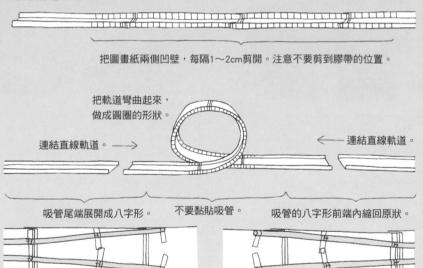

把圖畫紙兩側凹壁，每隔1～2cm剪開。注意不要剪到膠帶的位置。

把軌道彎曲起來，
做成圓圈的形狀。

連結直線軌道。 ──→

←── 連結直線軌道。

吸管尾端展開成八字形。　不要黏貼吸管。　　吸管的八字形前端內縮回原狀。

## 隧道的作法

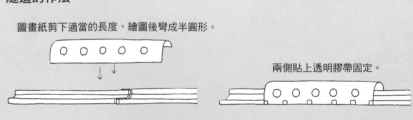

圖畫紙剪下適當的長度，繪圖後彎成半圓形。

兩側貼上透明膠帶固定。

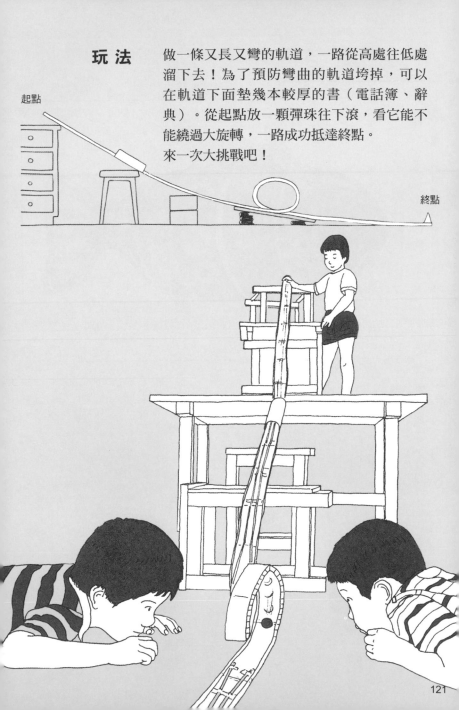

**玩法**

做一條又長又彎的軌道,一路從高處往低處溜下去!為了預防彎曲的軌道垮掉,可以在軌道下面墊幾本較厚的書(電話簿、辭典)。從起點放一顆彈珠往下滾,看它能不能繞過大旋轉,一路成功抵達終點。

來一次大挑戰吧!

起點

終點

121

# Ⓑ 大黑魚

## 工 具

剪刀

釘書機

## 材 料

塑膠袋
（ 黑色或藍色的大型不透明塑膠袋，
尺寸約65×80cm，質地較厚的 ）

報紙 5～6張

橡皮筋 2條

油漆筆

免洗筷
1根

竹籤（粗）
1根

釣竿的材料

迴紋針 1個

棉線

彩色膠帶

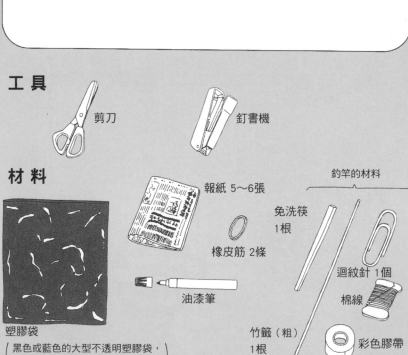

122

# 作法

① 用麥克筆在塑膠袋上畫出魚的形狀。

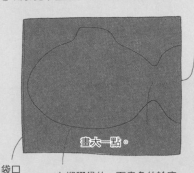

畫大一點。

袋口

在塑膠袋的一面畫魚的輪廓。

② 把魚的輪廓剪下來。

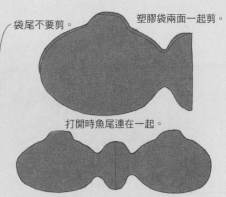

袋尾不要剪。

塑膠袋兩面一起剪。

打開時魚尾連在一起。

③ 魚身的四周用釘書針固定。

魚口保留約5cm的空隙。

2張塑膠袋合在一起釘。

每隔5mm的間距釘一隻釘書針。

釘書針與邊緣距離1cm。

④ 手指從魚口伸入，拉住魚尾，把整個魚身從裡到外翻過來。

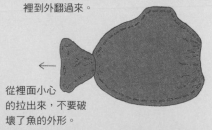

從裡面小心的拉出來，不要破壞了魚的外形。

⑤ 翻過來的魚身用麥克筆畫上圖案。

兩面都要畫。

魚整個從裡翻過來之後，頭尾的方向相反，釘書針也隱藏到裡面，外表就看不見了。

把魚身搖一搖，讓報紙從尾部塞滿整個魚身。

⑥ 報紙撕成細長條，揉成小球形，從魚口塞入。

⑦ 魚口用橡皮筋綁住，再用另一條橡皮筋打一個結。（參閱95頁）

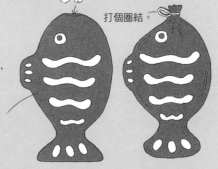

打個圈結。

123

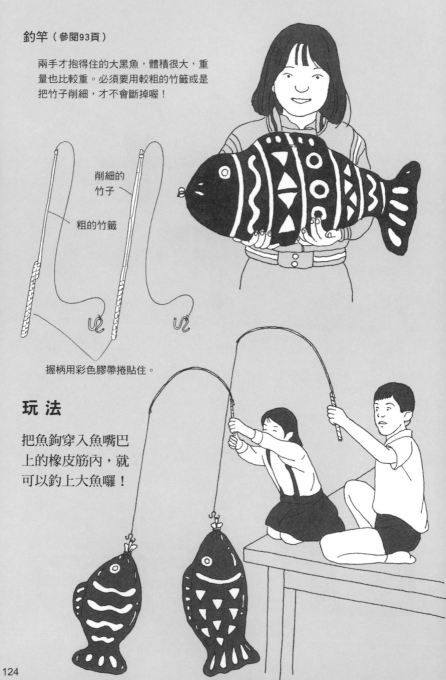

釣竿（參閱93頁）

兩手才抱得住的大黑魚，體積很大，重量也比較重。必須要用較粗的竹籤或是把竹子削細，才不會斷掉喔！

削細的
竹子

粗的竹籤

握柄用彩色膠帶捲貼住。

## 玩 法

把魚鉤穿入魚嘴巴上的橡皮筋內，就可以釣上大魚囉！

# Ⓑ 毽子

## 工 具

剪刀

## 材 料

塑膠袋1個
(長寬超過30cm
的大型塑膠袋)

和紙、塑膠紙、棉紙
或薄皮革

（8×8cm） 棉紙剪成的四方形

厚紙板 1張

有孔硬幣 1枚
(可用遊樂場代幣、
鐵片圈或鈕扣鑽洞
代替)

吸管

透明膠帶

彩色膠帶

# 作 法

① 吸管剪一段約2cm的長度,管口剪成約
1cm深6～8等分的葉片。

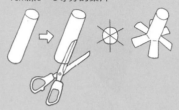

② 塑膠袋剪成四
方形,穿過吸
管中心。

塑膠袋包住火柴棒,
就能穿入吸管。

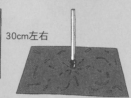

30cm左右

30cm左右

③ 把有孔硬幣放在厚紙板上畫
出輪廓剪下。

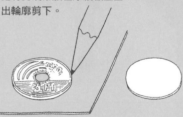

④ 穿入硬幣的圓孔。

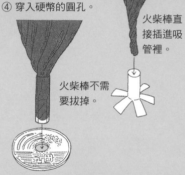

火柴棒直
接插進吸
管裡。

火柴棒不需
要拔掉。

⑤ 塑膠套和吸管的葉片像三明治
一樣夾在硬幣與厚紙板中間,
再用透明膠帶貼住。

⑥ 棉紙剪成8cm的正方形,再把⑤包起來。

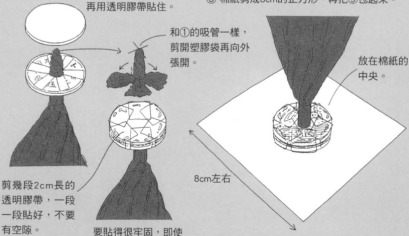

和①的吸管一樣,
剪開塑膠袋再向外
張開。

放在棉紙的
中央。

剪幾段2cm長的
透明膠帶,一段
一段貼好,不要
有空隙。

要貼得很牢固,即使
用力拉扯,塑膠袋也
不可以脫落。

8cm左右

126

⑦ 剪下約3cm長的彩色膠帶，把毽子的
中心緊緊纏繞。

⑧ 塑膠袋的前端剪成鋸齒狀。

棉紙包住
後扭緊。

緊緊纏住。

用麥克筆著色。

## 玩 法

毽子，是中國古代的傳統玩具，原本的毽子
是用羽毛做成的（參閱下圖）。
比比看，誰能踢得最久不讓它落地。一個人
踢、二人一起玩，或用其他方法都可以。想
想看還有什麼好玩的方法？

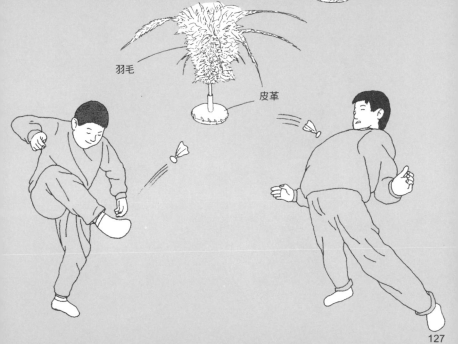

羽毛

皮革

**踢法**

腳的內側

腳背

膝蓋

腳尖

胸

**停法**

額頭

膝蓋上

身體往前,腿往
後彎,腳掌向上
往前踢。

128

# Ⓑ 咕嚕滾輪

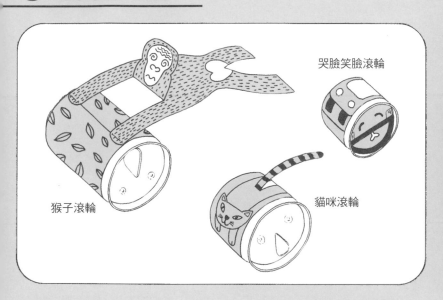

哭臉笑臉滾輪

貓咪滾輪

猴子滾輪

## 工 具

剪刀

手套

## 材 料

鋁罐
（果汁或汽水的空罐）

圖畫紙（8開）1張

油性黏土

透明膠帶

樹脂

鉛筆

麥克筆

# 作法

## 貓咪滾輪

① 鋁罐壓扁後剪開。

用手壓扁或直接用腳踩扁。

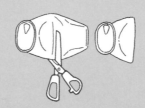

戴上手套把切口扳開。

切口用剪刀修剪整齊。

② 在較長的那一半鋁罐內，黏一塊油性黏土。

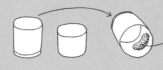

只要拇指大的油性黏土就可以，壓平貼在鋁罐的內側。

③ 有黏土的鋁罐下方稍微凹入後，插進較短的鋁罐裡面。

稍微凹進去。

用透明膠帶貼牢。

④ 量出罐身的寬度，在圖畫紙上用鉛筆畫線、剪下。

兩邊做一個記號。

⑤ 剪好的圖畫紙繞在鋁罐上，保留1～2cm的重疊部分，其餘的剪掉。

圖畫紙的重疊處是塗膠的部分。

⑥ 在⑤的圖畫紙上用麥克筆畫圖案。

只要剪尾巴的線。

往上折起來。

⑦ 繞在鋁罐上，用樹脂貼牢。

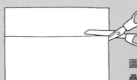

尾巴和罐身是分開的。

接合處塗樹脂。

剪掉。

**哭臉笑臉滾輪**

① 用鋁罐在圖畫紙上畫兩個圓，再沿邊剪成略小一點的圓。

③ 另一張圓剪成半圓，兩面都畫上嘴巴。

用透明膠帶貼起來。

② 圓上畫一條中線，在兩邊分別畫上笑臉和哭臉。

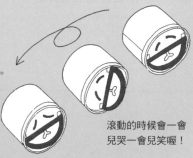

滾動的時候會一會兒哭一會兒笑喔！

**猴子滾輪**　需要使用美工刀。

① 圖畫紙捲在罐身量長度，塗樹脂的部分以外還要留下一段長度。先畫好圖案再塗膠。

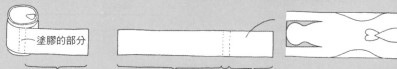

畫圖的部分，不要剪掉。　捲在罐身的部分。　塗膠部分　超過罐身的部分。

② 拿美工刀割掉斜線的部分。

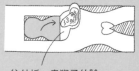

往外折，畫猴子的臉。

# 玩 法

可以把咕嚕滾輪放在平地或坡道上玩。鐵罐往前滾動時，會發出咕嚕咕嚕的滾動聲。仔細聽聽看，在平地上滾動和在坡道上滾動，聲音有什麼不一樣？

# Ⓑ 鋼珠筒

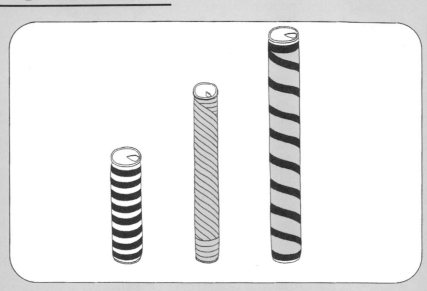

## 工具

剪刀

手套

## 材料

鋁罐
同樣大小的 10個
（果汁或汽水的空罐）

彩色膠帶

圖畫紙（8開）

鋼珠或彈珠
（可以穿過鋁罐
罐口的大小）

ボンド
樹脂

# 作法

① 所有鋁罐壓扁後剪開。

用手壓扁或直接用腳踩扁。

只使用有罐口的那一半鋁罐。

切口用剪刀修剪整齊。

戴上手套把切口扳開。

② 鋁罐垂直剪開3～4cm，再一個個重疊起來。

1

2

3 用彩色膠帶把兩個鋁罐貼牢。

罐子之間要有足夠的空隙讓鋼珠轉動。

垂直剪開。

疊起的時候不要把罐口擺同一個方向。

4

5

改變罐口的位置，用同樣的方法繼續疊。

壓入。

最下面一個罐口要朝下。

# 玩法

把小鋼珠從罐口投進去，搖一搖罐子使鋼珠從底下掉出來，看誰的速度最快。罐子接得越長，難度也就越高喔！

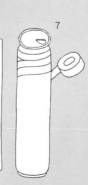

6

圖畫紙剪成罐子的長度，用樹脂貼起來。

7

用彩色膠帶捲繞出各種好看的花紋。

# Ⓑ 美國印地安帳篷

# 工 具

剪刀

# 材 料

塑膠袋 15個

黑色或藍色的大型
不透明塑膠袋，尺
寸約65×80cm，
質地較厚的

不透明膠帶
（布質或紙質）。

油漆筆

尼龍繩（粗3～5mm）
或彩色膠帶 12m

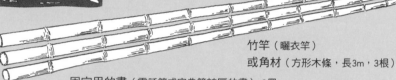

竹竿（曬衣竿）
或角材（方形木條，長3m，3根）

固定用的書（電話簿或字典等較厚的書） 9冊

# 材 料

① 把塑膠袋剪開。

打開成一張大的塑膠紙。

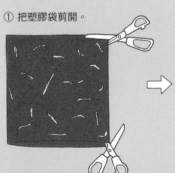

相同方法做15張。

② 15張塑膠袋用膠帶貼
合，變成一張大的塑
膠布。

塑膠紙重疊大約3cm，用膠帶貼住。

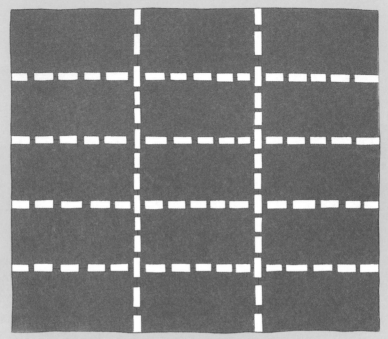

如上圖把15張塑膠袋全部貼合起來，就成為一張很大的塑膠布。
膠帶剪成一小塊一小塊來貼比較方便。

③ 把大塑膠布如圖折疊後，剪一道圓弧形再打開，就成了一個大圓。

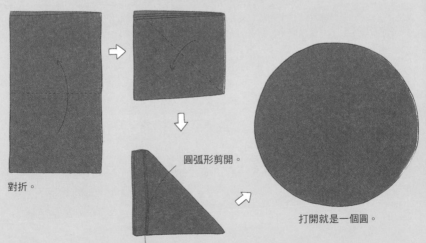

對折。

圓弧形剪開。

打開就是一個圓。

④ 把這張膠帶貼成的大圓折疊4次（變成16等分），
　尖端剪去約3cm。

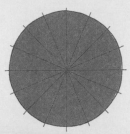

⑤ 貼膠帶的那面朝下。

　沒貼膠帶的一面
　用油漆筆畫上自
　己喜歡的圖案。

有圖案的
是表面。

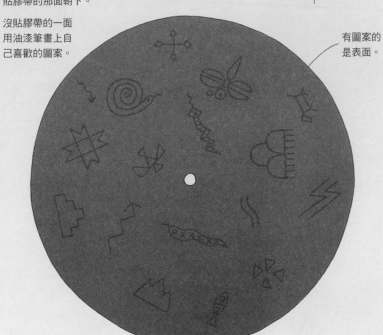

⑥ 把3根竹竿用繩子綁起來。

竹竿的尾端綁上繩子。

打好雙套結後用力拉緊。
（打結的方法參閱138頁）

137

## 雙套結

不要讓繩頭鬆掉。

使用尼龍繩時

尾端用火燒一下，
冷卻後就會凝固。

使用膠帶時

尾端打一個結。

3根棒子（竹竿）綁緊。

先打一個雙套結固定。

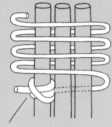

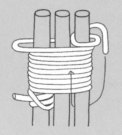

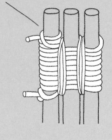

最後再打一個雙套結。

⑦ 綁好的竹竿插入⑤的塑膠布裡。

撐開。

畫了圖案那面。

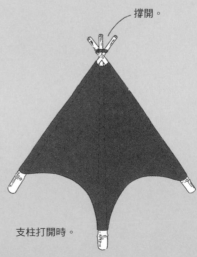

支柱靠攏時。

支柱打開時。

138

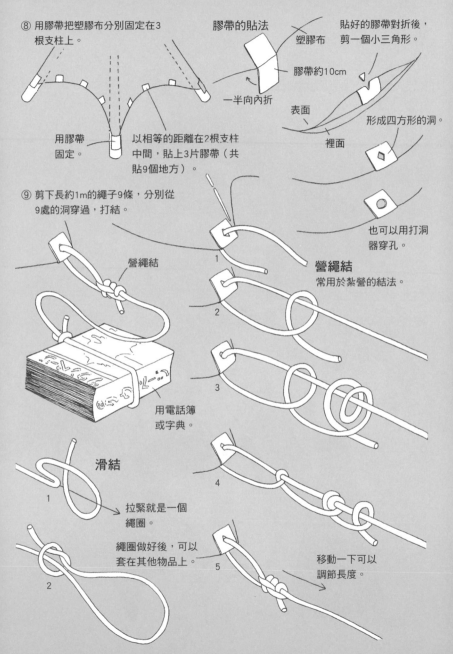

⑧ 用膠帶把塑膠布分別固定在3根支柱上。

用膠帶固定。

以相等的距離在2根支柱中間，貼上3片膠帶（共貼9個地方）。

膠帶的貼法

塑膠布

膠帶約10cm

一半向內折

貼好的膠帶對折後，剪一個小三角形。

表面

裡面

形成四方形的洞。

也可以用打洞器穿孔。

⑨ 剪下長約1m的繩子9條，分別從9處的洞穿過，打結。

營繩結

營繩結
常用於紮營的結法。

用電話簿或字典。

滑結

拉緊就是一個繩圈。

繩圈做好後，可以套在其他物品上。

移動一下可以調節長度。

## 玩法

帳篷內掛一隻手電筒，和朋友
在裡面聊天、玩撲克牌，就像
在野外露營一樣好玩呢！

# 小刀

# 小刀的種類

割紙、削木棒或竹子的工具。

有割紙用的美工刀，和削木棒、竹子的折刀、小尖刀。

**大型美工刀**

**折刀** 削木棒、竹子。可以用砂紙或磨刀石研磨刀刃。

切割紙、三夾板。

向左轉，可調整刀片的長度；向右轉，鎖緊刀片不會晃動再使用。

**小尖刀** 削木棒、竹子。

拔開，將刀片裝入。

**美工刀** 切割紙。

刀片放入溝槽折斷。

前後移動此處，可調節刀片的長度。

## 折刀·小尖刀

**折刀打開的方法**

一手拿刀柄，一手扶住刀背向外扳開，不要搖晃刀片。

### 削鉛筆的方法

刀片不動，握鉛筆那隻手的拇指靠在刀背上，將鉛筆往回拉。刀片與鉛筆呈斜角。

### 磨刀片的方法

刀片斜擺在沾溼的磨石上，前後移動。

小尖刀使用完畢一定要套上蓋子。

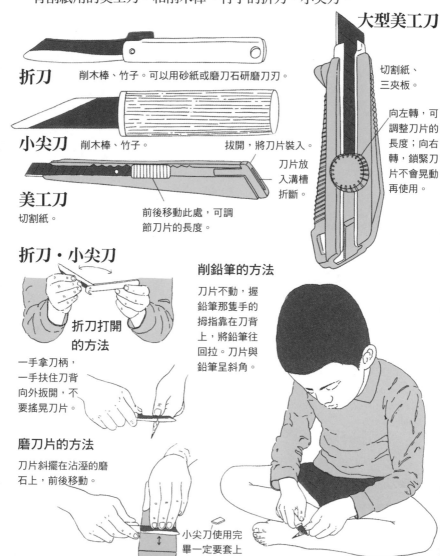

142

# 小刀的使用方法

正確的使用小刀，才能減少割傷的危險。一開始先練習切割薄紙，慢慢再切割較複雜的形狀。

## 美工刀

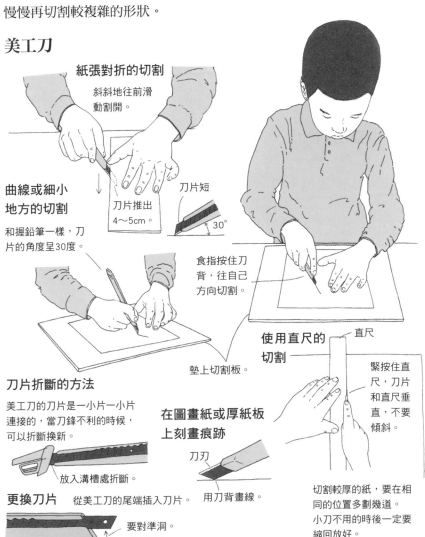

**紙張對折的切割**

斜斜地往前滑動割開。

**曲線或細小地方的切割**

和握鉛筆一樣，刀片的角度呈30度。

刀片推出4～5cm。

刀片短

30°

食指按住刀背，往自己方向切割。

墊上切割板。

**刀片折斷的方法**

美工刀的刀片是一小片一小片連接的，當刀鋒不利的時候，可以折斷換新。

放入溝槽處折斷。

**更換刀片** 從美工刀的尾端插入刀片。

要對準洞。

**在圖畫紙或厚紙板上刻畫痕跡**

刀刃

用刀背畫線。

**使用直尺的切割**

直尺

緊按住直尺，刀片和直尺垂直，不要傾斜。

切割較厚的紙，要在相同的位置多劃幾道。小刀不用的時後一定要縮回放好。

## 工 具

美工刀

切割板

直尺

## 材 料

方格厚紙板

紅色鉛筆

麥克筆

# 作 法

① 方格厚紙板用美工刀切割出20cm的正方形。

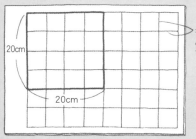

每個方格的長寬各5cm。

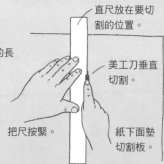

直尺放在要切割的位置。

美工刀垂直切割。

把尺按緊。

紙下面墊切割板。

② 用直尺畫出如圖般的線條,再用美工刀割開。紅色鉛筆畫的線比較清楚。

③ 割開來的七張紙片,正反面用麥克筆塗上顏色。

# 玩 法

七張不同形狀的紙片不要重疊。正反面都可使用,看看能拼出多少有趣的圖案喔!

兔子

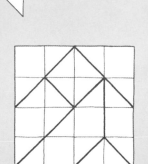

這是另一種圖形,用美工刀沿線割開,也可以排列出各種不同的圖案喔!

145

# Ⓐ 凹凸魚

## 工 具

美工刀

切割板

## 材 料

彩色圖畫紙或西卡紙

鉛筆

麥克筆

# 作 法

① 彩色圖畫紙上畫出魚的形狀。

整張圖畫紙上畫一隻大魚。魚的形體盡量用直線來畫，美工刀比較好割。

②用美工刀將魚的輪廓割下，再割身上的圖案。

不需使用直尺，直接用美工刀割。
圖畫紙下面墊一塊切割板。

③把割好的圖案凹凸折彎。

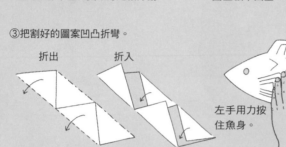

折出　　　　折入

隨著曲線的變化轉動魚的方向，用美工刀小心的割。

左手用力按住魚身。

割好後先用麥克筆著色，再折彎。

# 玩 法

做根釣竿來釣魚吧！魚口貼上迴紋針，或是鉤住魚身凹凸的地方，就可以上鉤囉！

簡單的圖案

複雜的圖案

# Ⓑ 眼鏡蛇

## 工具

美工刀

## 材料

紙杯 2個

裝法國麵包的
透明塑膠袋

吸管

透明膠帶

麥克筆

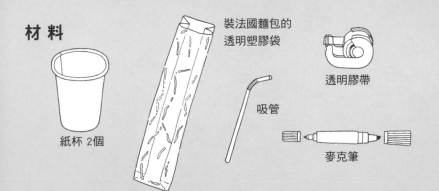

# 作法

① 紙杯的杯底用美工刀沿著圓邊割開，做成蓋子。

美工刀的刀片推出5cm長，上下移動地切割。

保留2～3cm連接處不要割開。

② 另一個紙杯下方割一個可以插進吸管的小洞。

美工刀在杯子下方開一個三角形的小洞。

④ 在②的紙杯中放入③連著吸管的透明塑膠袋，把①的紙杯蓋上去，用透明膠帶貼住。

③ 透明塑膠袋上面用麥克筆畫出眼鏡蛇的圖案。

不要讓空氣跑出去。

袋子的入口。

吸管插入袋口，再用透明膠帶纏繞貼緊。

# 玩 法

對著吸管把氣吹入杯中，眼鏡蛇會突然跑出來，把朋友嚇一大跳呢！

横的、直的都要貼上透明膠帶。

由三角形的洞口把吸管穿出。

⑤ 紙杯上用麥克筆畫圖。

用塑膠袋做立體的動物

做耳朵。

由中線垂直剪開。

不要讓空氣跑掉。

斜折成三角形，用透明膠帶貼住。

拿麥克筆畫出臉形。

# ⑧ 蠟燭

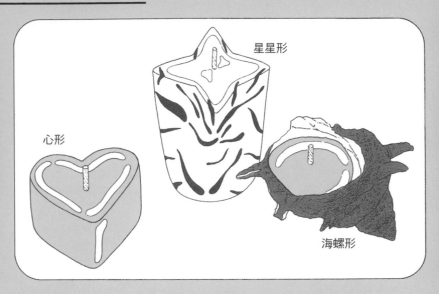

心形

星星形

海螺形

## 工 具

剪刀

美工刀

免洗筷

火柴棒

空罐

手套

## 材 料

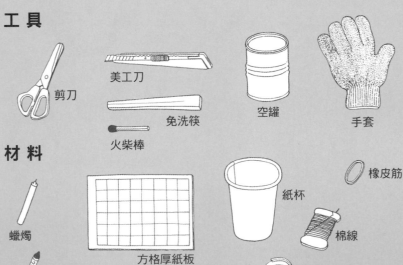

蠟燭

蠟筆

方格厚紙板

鋁箔紙

紙杯

橡皮筋

棉線

透明膠帶

# 作法

① 蠟燭切成小塊，放入空罐
　隔著水加熱。

用刀子削也可以。

免洗筷

空鐵罐用水洗乾淨。
壓出一個尖口。

80℃左右的熱水
可以融化蠟燭。

② 蠟燭融化後，把蠟筆粉末加入罐中，
　用免洗筷攪拌。

蠟筆粉末要一點
一點放入，顏色
隨喜好調配。

③ 把蠟燭液體倒入心形的模型中，
　燭芯直立在中間。

戴上手套再拿罐子，
慢慢倒入模型中。

棉線沾上蠟
液就可做成
燭芯。

燭芯凸出蠟燭1cm
左右，其
餘剪掉。

免洗筷

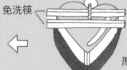

厚紙板做成
的模型。

蠟燭冷卻後，
拿掉模型。

用免洗筷或火柴棒固定
住，讓燭芯保持直立。

底部包覆鋁箔紙，以防蠟液流出。

## 心形

厚紙板的光滑面當內
側，用透明膠帶固定
起來，不要有空隙。

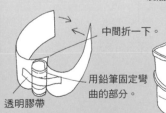

中間折一下。

用鉛筆固定彎
曲的部分。

透明膠帶

## 星星形

紙杯的杯口折成
十字形狀，用橡
皮筋固定。

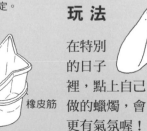

橡皮筋

## 海螺形

海螺洗乾淨後，
倒入蠟液。

# 玩 法

在特別
的日子
裡，點上自己
做的蠟燭，會
更有氣氛喔！

151

# Ⓑ 驚奇盒子

## 工 具

剪刀

美工刀

## 材 料

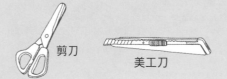

小紙盒
或火柴盒

方格厚紙板

圖畫紙

橡皮筋

樹脂

透明膠帶

彩色鉛筆

麥克筆

# 作法

① 把小紙盒用圖畫紙黏起來。

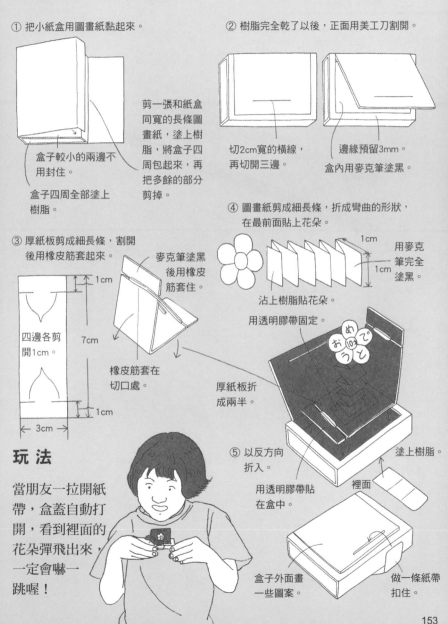

剪一張和紙盒同寬的長條圖畫紙，塗上樹脂，將盒子四周包起來，再把多餘的部分剪掉。

盒子較小的兩邊不用封住。

盒子四周全部塗上樹脂。

② 樹脂完全乾了以後，正面用美工刀割開。

切2cm寬的橫線，再切開三邊。

邊緣預留3mm。
盒內用麥克筆塗黑。

③ 厚紙板剪成細長條，割開後用橡皮筋套起來。

四邊各剪開1cm。

1cm
7cm
1cm

← 3cm →

麥克筆塗黑後用橡皮筋套住。

橡皮筋套在切口處。

④ 圖畫紙剪成細長條，折成彎曲的形狀，在最前面貼上花朵。

1cm
1cm
用麥克筆完全塗黑。

沾上樹脂貼花朵。

用透明膠帶固定。

厚紙板折成兩半。

めでとう

⑤ 以反方向折入。

用透明膠帶貼在盒中。

裡面

塗上樹脂。

# 玩法

當朋友一拉開紙帶，盒蓋自動打開，看到裡面的花朵彈飛出來，一定會嚇一跳喔！

盒子外面畫一些圖案。

做一條紙帶扣住。

153

# Ⓑ 吹箭

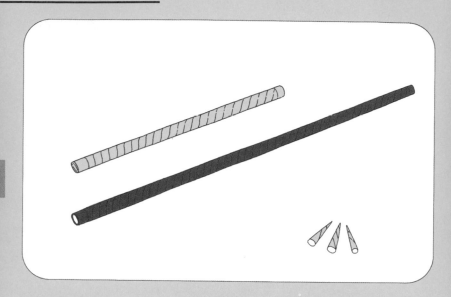

## 工 具

美工刀

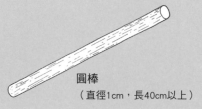
圓棒
（直徑1cm，長40cm以上）

## 材 料

圖畫紙（4開）

色紙

透明膠帶

彩色膠帶

## 作 法

① 圖畫紙對折，用美工刀裁開，重複3次。

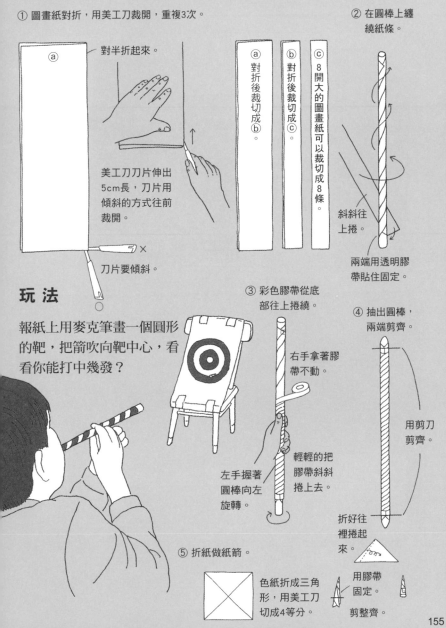

對半折起來。

美工刀刀片伸出5cm長，刀片用傾斜的方式往前裁開。

刀片要傾斜。

ⓐ 對折後裁切成ⓑ。

ⓑ 對折後裁切成ⓒ。

ⓒ 8開大的圖畫紙可以裁切成8條。

② 在圓棒上纏繞紙條。

斜斜往上捲。

兩端用透明膠帶貼住固定。

## 玩 法

報紙上用麥克筆畫一個圓形的靶，把箭吹向靶中心，看看你能打中幾發？

③ 彩色膠帶從底部往上捲繞。

右手拿著膠帶不動。

左手握著圓棒向左旋轉。

輕輕的把膠帶斜斜捲上去。

④ 抽出圓棒，兩端剪齊。

用剪刀剪齊。

折好往裡捲起來。

⑤ 折紙做紙箭。

色紙折成三角形，用美工刀切成4等分。

用膠帶固定。

剪整齊。

155

# Ⓑ 機器人面具

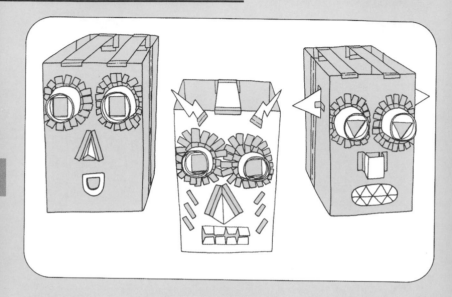

## 工 具

美工刀

切割板

## 材 料

圖畫紙（8開）3張

紙杯 2個

彩色膠帶

鉛筆

麥克筆

# 作法

① 紙杯下半部用彩色膠帶捲起來。

② 剪掉杯口部分,再以直線剪到有膠帶的位置。

③ 直線的部位向外折,杯底用美工刀割下來。

刀片伸出5cm長,上下移動慢慢割開。

④ 拿2張圖畫紙,折成ⓐ和ⓑ。

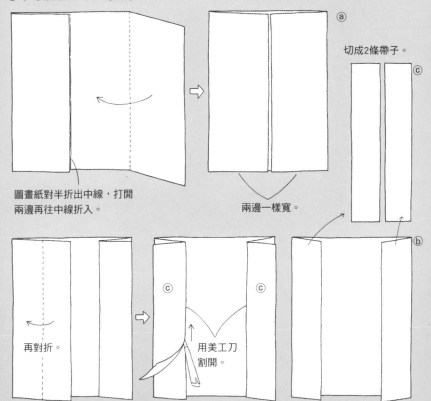

ⓐ

切成2條帶子。

ⓒ

圖畫紙對半折出中線,打開兩邊再往中線折入。

兩邊一樣寬。

ⓑ

ⓒ        ⓒ

再對折。

用美工刀割開。

⑤ 把③的杯底放在ⓐ的圖畫紙上面，
畫兩個圓圈當眼睛。

⑥ 圓圈裡畫上四方形，再用美工刀割掉。
也割出鼻子和嘴巴。

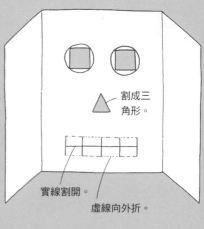

割成三角形。

實線割開。

虛線向外折。

⑦ 把③的紙杯倒放在四方形上面，
用彩色膠帶貼住。

膠帶剪成3～4cm長，貼住紙杯的擴散部
分，讓紙杯能站立來起。

⑧ 把⑦的圖畫紙和ⓑ連起來，再把ⓒ的
長帶子折好，用膠帶固定兩邊。

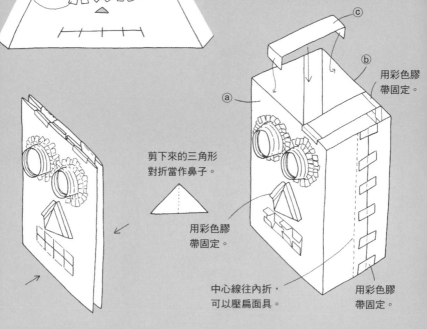

ⓒ

ⓑ
用彩色膠帶固定

ⓐ

剪下來的三角形
對折當作鼻子。

用彩色膠帶固定。

中心線往內折，
可以壓扁面具。

用彩色膠帶固定。

158

## 玩 法

把面具套在頭上，你就變成機器人囉！再做一些武器，或手、腳、身體的配件，你就是一個無敵的機器戰警了！

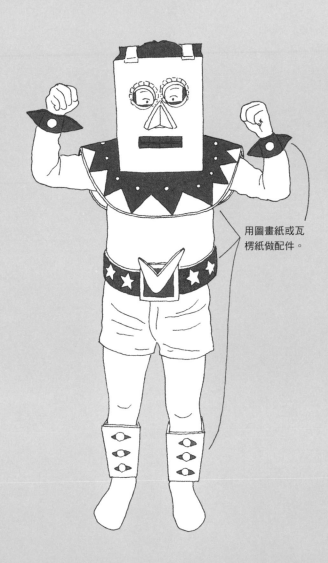

用圖畫紙或瓦楞紙做配件。

# Ⓑ 排球

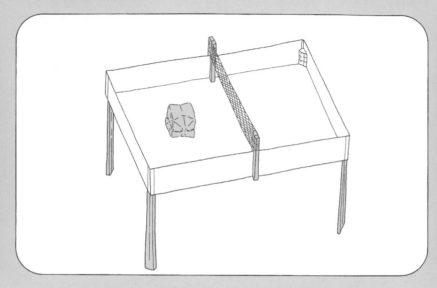

## 工具

剪刀

美工刀

直尺

## 材料

方格厚紙板

裝洋蔥或蒜頭的網袋

麥克筆

免洗筷 5雙

透明膠帶

ボンド 樹脂

# 作法

① 在厚紙板上畫出箱子的展開圖（組成箱子前的平面圖）。

角落的折邊都要塗膠。

② 沿線剪下來。

30cm

40cm

放大圖

1cm
3cm

剪開後折起來。

格子線1cm。

綠色部分剪下來。

剪下的截角還要使用。

③ 折起來組合成紙箱。

用樹脂黏起來。

塗膠部分

外側用透明膠帶貼起來。

④ 厚紙板剩下的截角做成三角柱。

保持直角。

透明膠帶貼好。

重疊貼好。

剪開。

⑤ 把④的三角柱貼在③紙箱的角落。

角落位置放大圖

塗上樹脂貼好。

透明膠帶從上面貼牢。

# 玩 法

用手指從紙箱底部向上彈敲紙球，

球飛到誰的地盤誰就贏了！

⑥ 把網子剪好，夾在筷子中間。

5cm

22cm

8cm

用透明膠帶固定免洗筷。

免洗筷切成8cm長，把網子夾在兩雙筷子中間。

用透明膠帶固定。

夾在箱子上的部分。

⑦ 把⑤的紙箱倒過來，四個角分別挖洞，再將筷子插進去。

紙球的折法參閱44頁

# Ⓑ 眼鏡橋

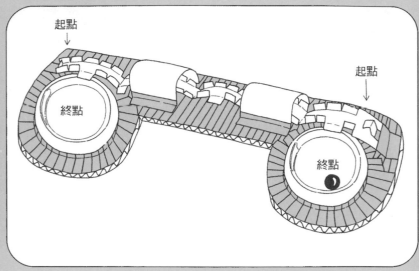

起點

終點

起點

終點

## 工 具

剪刀

美工刀

手套

切割板

## 材 料

瓦楞紙
（瓦楞紙箱裁成）

鋁罐 2～3個
（果汁或汽水的空罐）

彩色膠帶

彈珠（中型）
1個

# 作法

① 瓦楞紙用美工刀裁切好。

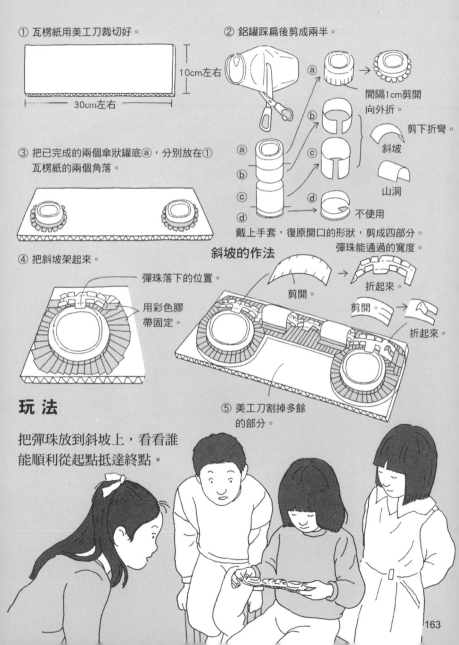

10cm左右
30cm左右

② 鋁罐踩扁後剪成兩半。

ⓐ → 間隔1cm剪開
向外折。

剪下折彎。

斜坡

山洞

ⓐ
ⓑ
ⓒ
ⓓ

ⓑ

ⓒ

ⓓ → 不使用

戴上手套，復原開口的形狀，剪成四部分。

③ 把已完成的兩個傘狀罐底ⓐ，分別放在①
瓦楞紙的兩個角落。

④ 把斜坡架起來。

彈珠落下的位置。

用彩色膠
帶固定。

## 斜坡的作法

彈珠能通過的寬度。

剪開。

折起來。

剪開。

折起來。

⑤ 美工刀割掉多餘
的部分。

# 玩法

把彈珠放到斜坡上，看看誰
能順利從起點抵達終點。

163

# Ⓑ 搖擺迷宮

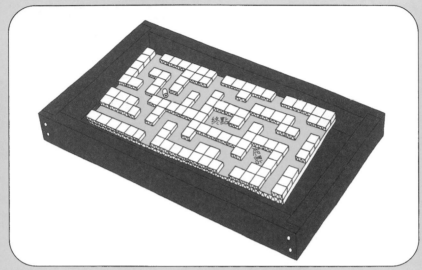

## 工具

剪刀

美工刀

直尺

切割板

## 材料

方格厚紙板

瓦楞紙

鉛筆

麥克筆

透明膠帶

點心盒

牙籤

圖釘

彩色膠帶

樹脂

ボンド

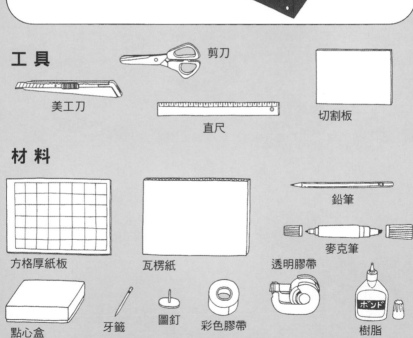

# 作 法

① 把方格厚紙板割成比盒子小3～5cm的長方形。完成圖的盒子長13.5cm,寬24.5cm,所以方格厚紙板的長應為10cm,寬20cm。

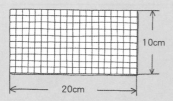

用美工刀順著方格紙板的線裁好。

③ 瓦楞紙裁切成1cm寬的紙條,再切成1cm長寬的正方形小塊。塗膠之後,黏在沒有麥克筆著色的地方。

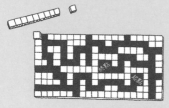

⑥ 把③和⑤的瓦楞紙用樹脂黏在一起。

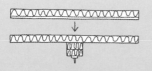

② 用麥克筆塗方格厚紙板上面的格子(每格1cm長寬),做成迷宮。先決定起點和終點的位置,再把路線塗上顏色。難易度隨自己決定。

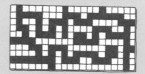

④ 把瓦楞紙割成和方格厚紙板一樣大小,中心貼上2塊重疊的瓦楞紙方塊(3cm)。

中心點

⬇ 畫2條對角線,交叉處就是中心點。

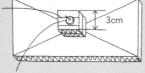

透明膠帶從上面固定住。

3cm

⑤ 用膠帶把圖釘貼在④中心凸起的瓦楞紙方塊上。

⑦ 彩色膠帶把牙籤的頭部捲起來,用美工刀削掉牙籤露出的部分。

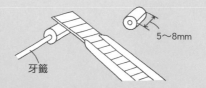

5～8mm

牙籤

## 玩法

把瓦楞紙做成的迷宮放在盒子中
央，雙手握住盒子邊緣（不要碰
到瓦楞紙），左右搖擺，試試看
誰能把彩色膠帶捲成的小陀螺，
由起點一直搖到終點，中途不會
掉下來喔！

剖面圖（切開的側面圖）

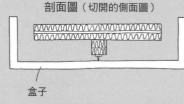

盒子

身體不要搖晃，因為只要盒子稍
不平衡，陀螺可是會掉下來呢！

# Ⓑ 傷腦筋十二塊（五方連塊）

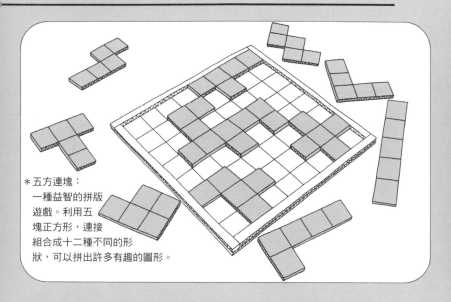

\*五方連塊：
一種益智的拼版
遊戲。利用五
塊正方形，連接
組合成十二種不同的形
狀，可以拼出許多有趣的圖形。

## 工具

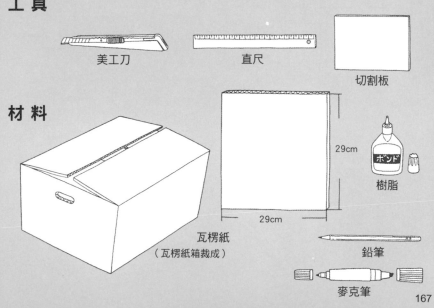

美工刀

直尺

切割板

## 材料

瓦楞紙
（瓦楞紙箱裁成）

29cm

29cm

樹脂

鉛筆

麥克筆

167

# 作法

① 瓦楞紙裁切開，做成2個正方形和4個長條形。（單位：cm）

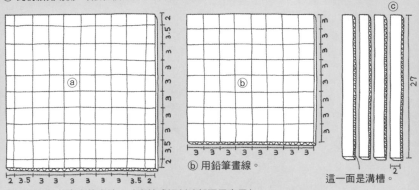

ⓑ 用鉛筆畫線。

這一面是溝槽。

ⓐ 先用較細的麥克筆畫線。（畫線或切割時都要用直尺）

② 用鉛筆畫格子，再拿麥克筆把線描粗一點，然後用美工刀切割開來。

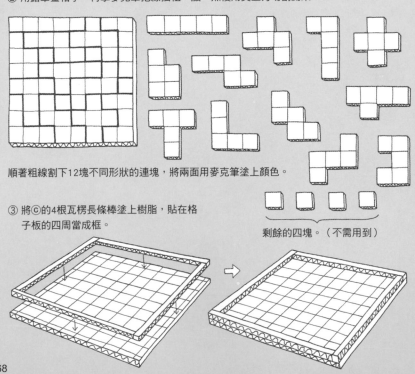

順著粗線割下12塊不同形狀的連塊，將兩面用麥克筆塗上顏色。

③ 將ⓒ的4根瓦楞長條棒塗上樹脂，貼在格子板的四周當成框。

剩餘的四塊。（不需用到）

## 玩 法

把12種形狀的五方連塊排入盤中,從空格中移動出各種不同的組合。
五方連塊指的是五個正方形連在一起的意思。

### 一人的玩法
由直的、橫的不同的方向,把12種形狀排列組
合起來。正反面都可使用,試試看你能排出多
少圖案?

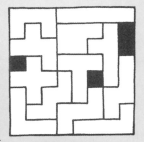

### 二人的玩法
決定好先後的順序,輪流從12種形狀中挑出一
片紙塊,隨自己想擺哪裡就擺哪裡,看最後誰
先擺不進去,誰就輸了!紙塊兩面都可以用,
只要動動腦,就有可能成為最後的大贏家喔!

(組合完成的例子)

# Ⓑ 迷你高爾夫球場

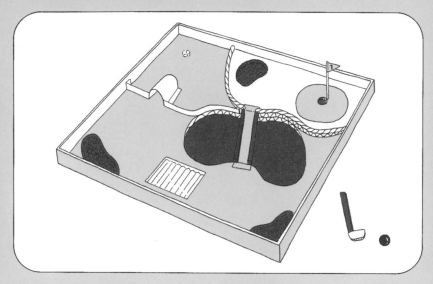

## 工具

剪刀

美工刀

折刀

切割板

## 材料

空紙盒（有蓋子）
洋酒禮盒等有點
高度的盒子

圖畫紙

色紙

麥克筆

瓦楞紙
（瓦楞紙箱裁成）

樹脂
ボンド

口紅膠

鋁箔紙　海綿　免洗筷

牙籤

彈珠（中型）

鉛筆

麻繩

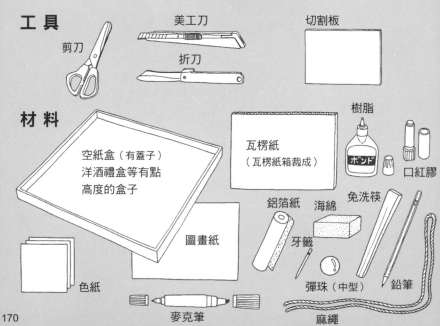

170

# 作 法

① 把瓦楞紙裁切成和紙盒內側一樣大的尺寸。

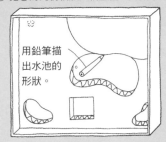

盒內的長度用
直尺量。

② 瓦楞紙用來墊在高爾夫球場下面。

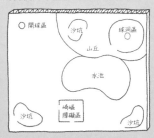

③ 用美工刀把水池和沙坑部分切除。
山丘的地方重疊一片
同形狀的瓦楞紙。

彈珠入洞口

美工刀切一
個十字形。

④ 把③的瓦楞紙放入紙盒裡，用鉛筆畫出水池的形狀。

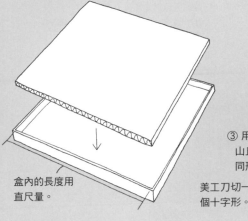

用鉛筆描
出水池的
形狀。

⑤ 色紙貼在紙盒底部畫有水池的地方。

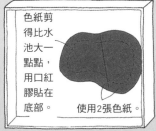

色紙剪
得比水
池大一
點點，
用口紅
膠貼在
底部。

使用2張色紙。

⑥ 把③的瓦楞紙鋪在色紙上。
用與④相同的方法畫出沙坑的形狀。

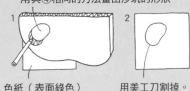

1    2

色紙（表面綠色）    用美工刀割掉。
色紙的顏色可依個人喜好選擇。

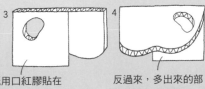

3    4

色紙用口紅膠貼在
瓦楞紙上。

反過來，多出來的部
分用美工刀割掉。

171

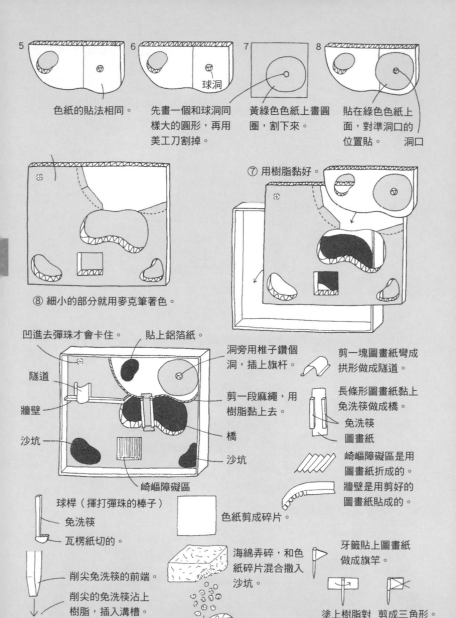

5

6
球洞

色紙的貼法相同。

先畫一個和球洞同樣大的圓形，再用美工刀割掉。

7

黃綠色色紙上畫圓圈，割下來。

8

貼在綠色色紙上面，對準洞口的位置貼。　洞口

⑦ 用樹脂黏好。

⑧ 細小的部分就用麥克筆著色。

凹進去彈珠才會卡住。　貼上鋁箔紙。

隧道

牆壁

沙坑

崎嶇障礙區

洞旁用椎子鑽個洞，插上旗杆。

剪一段麻繩，用樹脂黏上去。

橋

沙坑

剪一塊圖畫紙彎成拱形做成隧道。

長條形圖畫紙黏上免洗筷做成橋。

免洗筷

圖畫紙

崎嶇障礙區是用圖畫紙折成的。

牆壁是用剪好的圖畫紙貼成的。

球桿（揮打彈珠的棒子）

免洗筷

瓦楞紙切的。

色紙剪成碎片。

削尖免洗筷的前端。

削尖的免洗筷沾上樹脂，插入溝槽。

海綿弄碎，和色紙碎片混合撒入沙坑。

沙坑裡塗上樹脂。

牙籤貼上圖畫紙做成旗竿。

塗上樹脂對折貼好。　剪成三角形。

172

# 玩 法

把彈珠當成高爾夫球。一場競爭激烈的高爾夫球賽就要開打囉！
看看你要揮桿幾次才能進洞？

切一小段免洗筷，
沾樹脂貼牢。

貼草皮。

挖洞擺一個
空罐。

長紙條捲成螺
旋狀貼牢。

鐵絲彎成
ㄇ字形插
上去。

# Ⓑ 筷子劍玉（杯球遊戲）

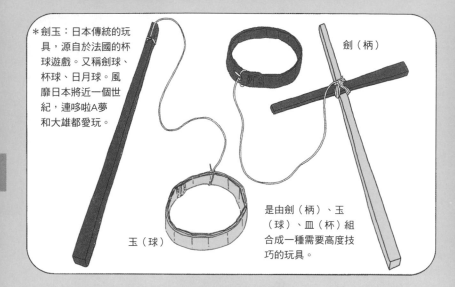

＊劍玉：日本傳統的玩具，源自於法國的杯球遊戲。又稱劍球、杯球、日月球。風靡日本將近一個世紀，連哆啦A夢和大雄都愛玩。

劍（柄）

是由劍（柄）、玉（球）、皿（杯）組合成一種需要高度技巧的玩具。

玉（球）

## 工 具

剪刀　　　　小刀

## 材 料

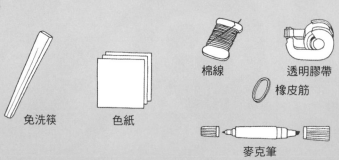

免洗筷　　色紙　　棉線　　透明膠帶

橡皮筋

麥克筆

# 作 法

① 用色紙做圓圈。

1 對折。

2 再對折。

3 再對折。

4 再對折。

5 彎成圓圈狀。

6 連接處用透明膠帶貼住。

放大圖

重疊5mm的部分，用透明膠帶貼起來。

② 將免洗筷用線綁牢。

用透明膠帶固定。

色紙折的圈圈

打死結。

棉線是免洗筷的2倍長。

打死結。

1根免洗筷。

免洗筷用麥克筆著色。

## 結的打法

1

2

3

4

再打個結。

# 玩 法

筷子劍玉的作法並不難，但是要讓圈圈套進去可不容易呢！除了十字劍玉，你還可以用免洗筷做更多形狀的劍玉來玩！

## 十字劍玉

1根完整的筷子。

筷子折成兩半。

棉線在十字交叉的地方打結。

橡皮筋交叉套牢。

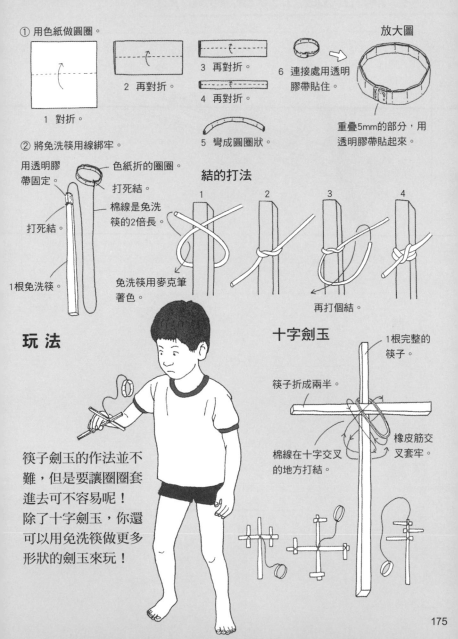

# Ⓑ 筷子槍（橡皮筋彈）

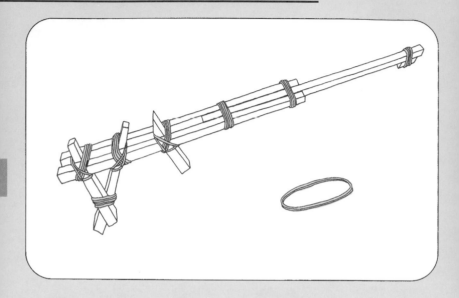

## 工 具

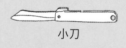
小刀

砂紙（細顆粒）

## 材 料

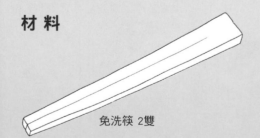
免洗筷 2雙

橡皮筋 槍身用 7條
子彈用 數條

# 作法

① 先把2雙免洗筷分成4根。

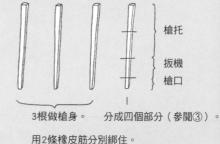

3根做槍身。　分成四個部分（參閱③）。

槍托

扳機

槍口

②

3根筷子如圖排列，用橡皮筋繞幾圈固定住。

用2條橡皮筋分別綁住。

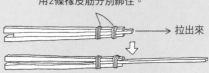

→ 拉出來

③

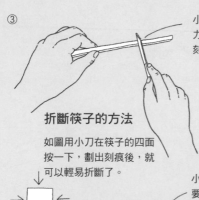

小刀在筷子上用力按一下，劃出刻痕。

④

免洗筷的切口用砂紙磨平，如圖在砂紙上左右移動。

## 折斷筷子的方法

如圖用小刀在筷子的四面按一下，劃出刻痕後，就可以輕易折斷了。

⑤ 先把扳機的前端像削鉛筆一樣削尖。

小刀的刀片不要移動。

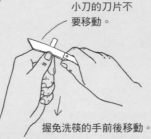

握免洗筷的手前後移動。

尖端削尖一點，橡皮筋可以飛比較遠。

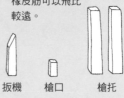

扳機　　槍口　　槍托

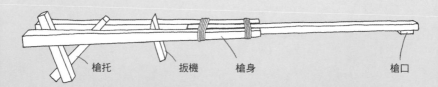

槍托　　　　扳機　　　槍身　　　　　　　　槍口

⑥ 槍口、扳機、槍托、槍身等用橡皮筋固定。

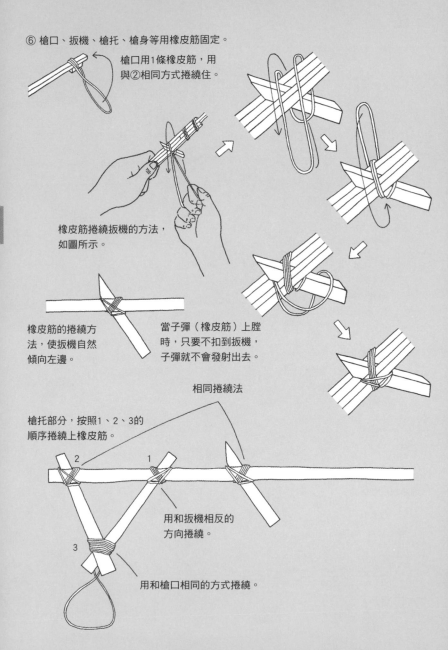

槍口用1條橡皮筋,用與②相同方式捲繞住。

橡皮筋捲繞扳機的方法,如圖所示。

橡皮筋的捲繞方法,使扳機自然傾向左邊。

當子彈(橡皮筋)上膛時,只要不扣到扳機,子彈就不會發射出去。

相同捲繞法

槍托部分,按照1、2、3的順序捲繞上橡皮筋。

用和扳機相反的方向捲繞。

用和槍口相同的方式捲繞。

# 玩法

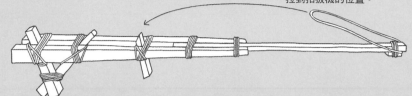

**子彈上膛的方法**

把橡皮筋勾在槍口上，往後拉到扣扳機的位置。

**發射子彈的方法**

瞄準目標，用手指輕扣扳機。

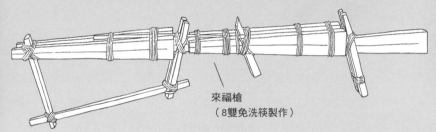

來福槍
（8雙免洗筷製作）

做一個標靶，瞄準目標後把子彈發射出去。
可不要對人發射子彈喔！

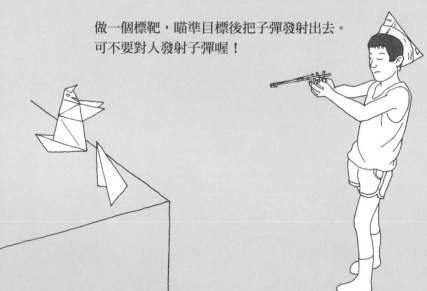

179

# Ⓑ 筷子槍（紙彈）

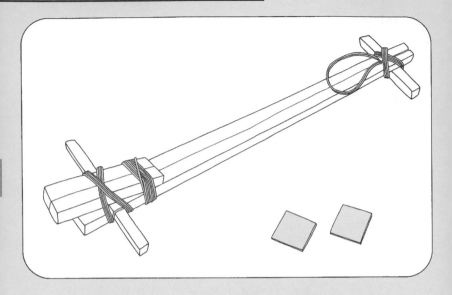

## 工具

小刀

剪刀

## 材料

免洗筷 2雙　　　橡皮筋 4條　　　厚紙板或名片

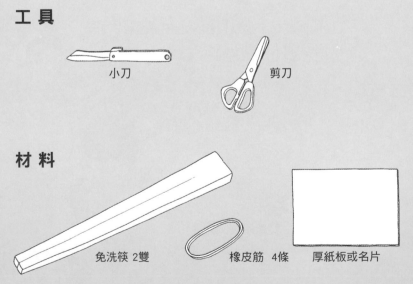

# 作法

① 免洗筷折成各部位的長短。

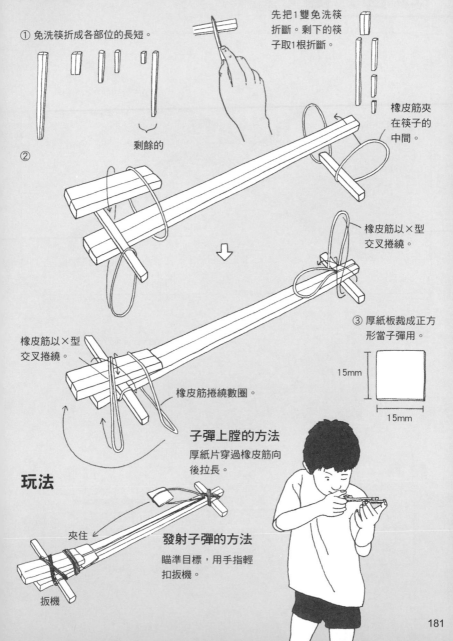

剩餘的

②

先把1雙免洗筷折斷。剩下的筷子取1根折斷。

橡皮筋夾在筷子的中間。

橡皮筋以×型交叉捲繞。

橡皮筋以×型交叉捲繞。

橡皮筋捲繞數圈。

③ 厚紙板裁成正方形當子彈用。

15mm

15mm

## 子彈上膛的方法
厚紙片穿過橡皮筋向後拉長。

# 玩法

夾住

扳機

## 發射子彈的方法
瞄準目標，用手指輕扣扳機。

181

# Ⓑ 回力鏢

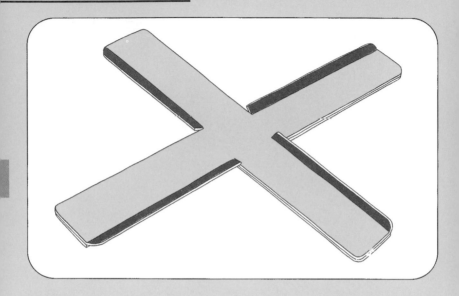

## 工具

剪刀　美工刀

直尺

切割板

## 材料

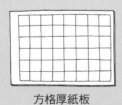

方格厚紙板

樹脂

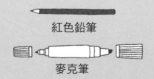

紅色鉛筆

麥克筆

## 作法

① 方格厚紙板剪成2塊，畫上十字形的粗線。

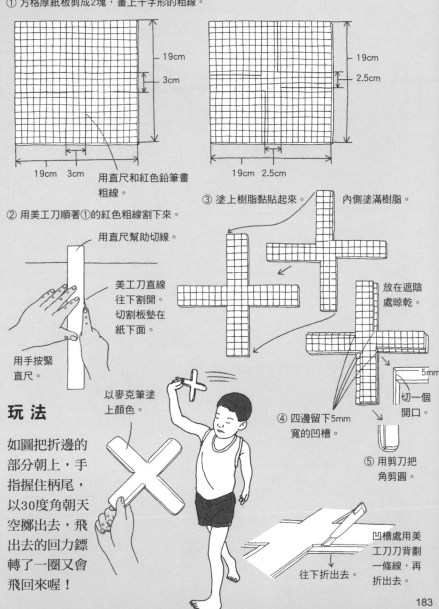

— 19cm

— 3cm

— 19cm

— 2.5cm

19cm 3cm

用直尺和紅色鉛筆畫粗線。

19cm 2.5cm

② 用美工刀順著①的紅色粗線割下來。

③ 塗上樹脂黏貼起來。　內側塗滿樹脂。

用直尺幫助切線。

美工刀直線往下割開。切割板墊在紙下面。

用手按緊直尺。

放在遮陰處晾乾。

④ 四邊留下5mm寬的凹槽。

5mm

切一個開口。

⑤ 用剪刀把角剪圓。

## 玩法

以麥克筆塗上顏色。

如圖把折邊的部分朝上，手指握住柄尾，以30度角朝天空擲出去，飛出去的回力鏢轉了一圈又會飛回來喔！

凹槽處用美工刀刀背劃一條線，再折出去。

往下折出去。

183

# Ⓑ 坦克車

## 工 具

小刀　　　　　美工刀　　　　　剪刀

## 材 料

縫紉線軸
（木製）

小紙盒或火柴盒

吸管

方格厚紙板

蠟燭
（比線軸的
洞粗一點）

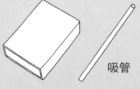
免洗筷 1 根

透明膠帶

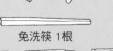
麥克筆

橡皮筋

## 作 法

① 用小刀把線軸邊緣刻成齒輪的形狀。

緊緊握住線軸，刀片斜斜的往前削開。

轉過來的另一邊也用相同的方法削開。

線軸的正面圖

刻出2～3mm的溝槽。

② 美工刀切一段7～8mm寬的蠟燭。

美工刀刀片伸出3～4cm長，以轉動蠟燭的方式切割。

③ 用小刀在免洗筷前端3cm長的地方（比線軸直徑短一點）劃線後折斷。

④ 橡皮筋穿過②的蠟燭和①的線軸後，在兩端套上不同長短的筷子。

橡皮筋

線軸　蠟燭

長的免洗筷

短的免洗筷穿過橡皮筋，上面用透明膠帶貼住。

用筷子頂住橡皮筋，穿過線軸的洞。

## 玩 法

長筷子轉幾圈後放在地上，線軸就會往前跑！

### 紙盒做的坦克車

不可以太重

吸管

透明膠帶

小紙盒

點心紙盒

用透明膠帶固定在車輪上。

線軸套在履帶裡面。

剪寬2cm、長20cm的厚紙板長條，當作坦克車履帶。

用透明膠帶貼住。

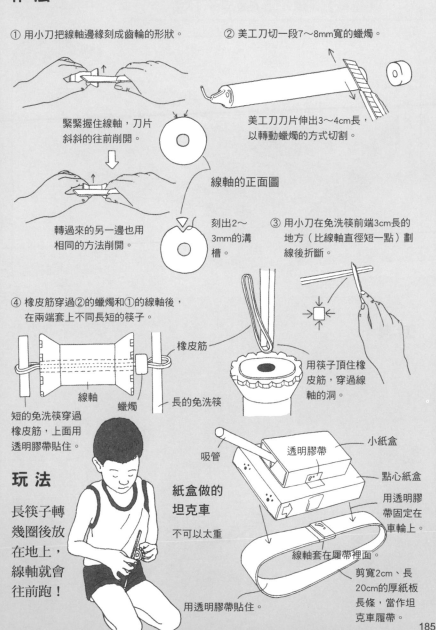

185

# Ⓑ 嘎哩嘎哩直昇機

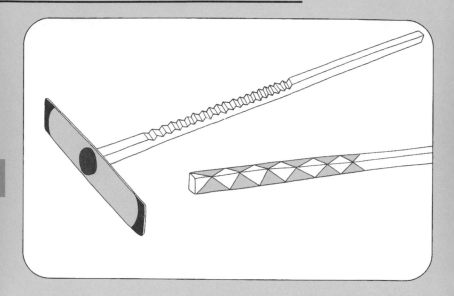

## 工 具

剪刀　　　　　小刀

## 材 料

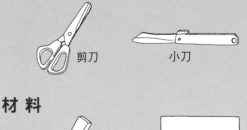

免洗筷

圖畫紙

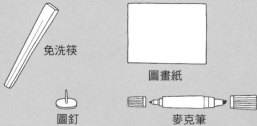

圖釘　　　麥克筆

# 作 法

① 免洗筷分成兩半，其中1根用折刀
刻出溝槽。

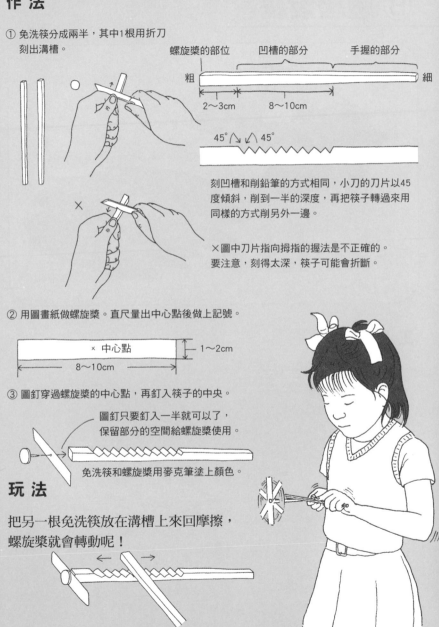

螺旋槳的部位　　凹槽的部分　　手握的部分

粗 ⟵ 2～3cm ⟶ ⟵ 8～10cm ⟶ 細

45° 45°

刻凹槽和削鉛筆的方式相同，小刀的刀片以45
度傾斜，削到一半的深度，再把筷子轉過來用
同樣的方式削另外一邊。

✕圖中刀片指向拇指的握法是不正確的。
要注意，刻得太深，筷子可能會折斷。

② 用圖畫紙做螺旋槳。直尺量出中心點後做上記號。

✕ 中心點　　1～2cm

⟵ 8～10cm ⟶

③ 圖釘穿過螺旋槳的中心點，再釘入筷子的中央。

圖釘只要釘入一半就可以了，
保留部分的空間給螺旋槳使用。

免洗筷和螺旋槳用麥克筆塗上顏色。

# 玩 法

把另一根免洗筷放在溝槽上來回摩擦，
螺旋槳就會轉動呢！

# B 超級滾輪

## 工 具

大型美工刀

## 材 料

不透明膠帶
（布質或紙質）

大型瓦楞紙箱 2個
（大型水果箱）

麥克筆

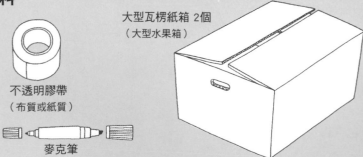

# 作法

① 兩個瓦楞紙箱用美工刀從↓處往下割開。

美工刀的刀片伸出5cm長，像使用鋸子一樣慢慢割開。

② 展開後把紙箱一端的兩邊切割如下圖，2個瓦楞紙箱一共有4個切塊。

下面要墊切割板。

③ 把2張瓦楞紙用膠帶連接起來，成為一長條。

兩面都要用膠帶固定。　重疊處

④ 美工刀割成三角形的鋸齒狀。

⑤ 前後兩端用膠帶貼住，連成一個超級大滾輪。

⑥ 用麥克筆在滾輪的內、外側畫圖。

# 玩 法

鑽到滾輪裡面，用四肢匍匐爬行，推動滾輪往前進。還可以放一些路障，看誰轉動的速度最快。

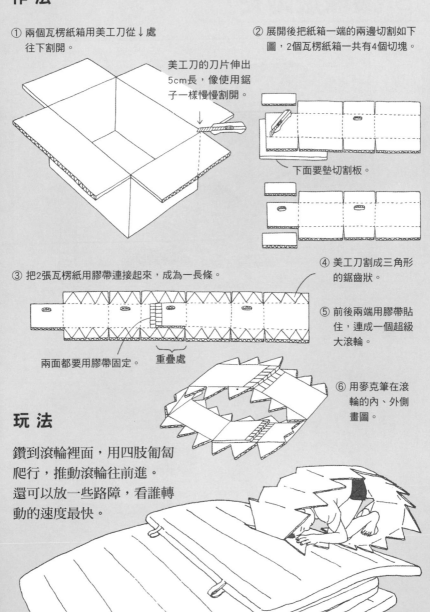

# Ⓑ 彈珠拉力賽

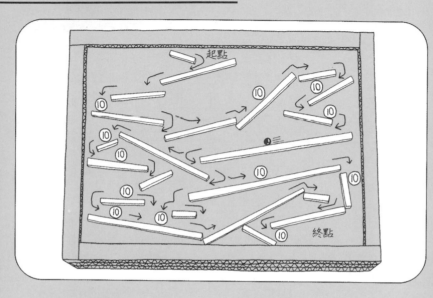

## 工具

小刀

美工刀　　　直尺　　　切割板

## 材料

瓦楞紙
（瓦楞紙箱裁成）

樹脂

彈珠（中型）　　　　鉛筆

免洗筷 5～6雙　　麥克筆

# 作 法

① 瓦楞紙箱切下2片寬30cm、長40cm的長方形，用樹脂黏合。

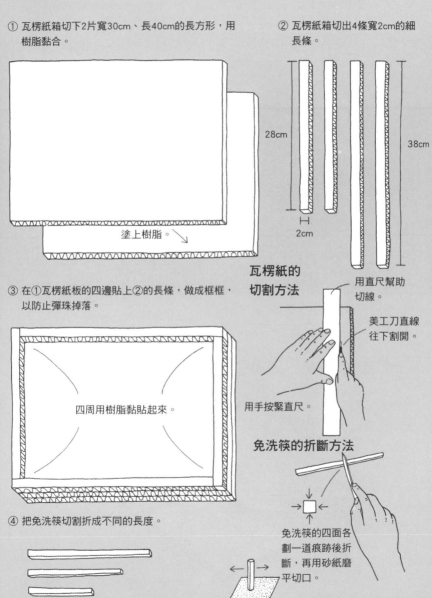

塗上樹脂。

② 瓦楞紙箱切出4條寬2cm的細長條。

28cm

2cm

38cm

③ 在①瓦楞紙板的四邊貼上②的長條，做成框框，以防止彈珠掉落。

四周用樹脂黏貼起來。

## 瓦楞紙的切割方法

用直尺幫助切線。

美工刀直線往下割開。

用手按緊直尺。

## 免洗筷的折斷方法

免洗筷的四面各劃一道痕跡後折斷，再用砂紙磨平切口。

④ 把免洗筷切割折成不同的長度。

⑤ 把不同長短的免洗筷塗上樹脂，貼在瓦楞紙板上，做出彈珠的通道。

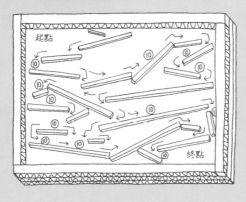

起點

⑩ ⑩ ⑩ ⑩ ⑩ ⑩ ⑩ ⑩ ⑩ ⑩

終點

⑥ 瓦楞紙和筷子用麥克筆塗上顏色，再畫出指示彈珠通道的→和得分點數。

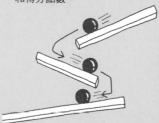

筷子和筷子之間的距離，是要讓彈珠通過後能掉到另一層的大小。所以貼筷子之前要先確定彈珠通行的寬度。

## 玩 法

雙手握住紙板的邊條，從起點放入彈珠，一直搖到終點，把經過路線的得分點數記下來，看誰的分數最多。瓦楞紙板可自由搖擺，彈珠通過→的方向越多，分數越高。

# Ⓑ 雲霄推車

## 工 具

大型美工刀

剪刀

切割板

## 材 料

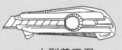

鐵罐 120個
（果汁空罐）

不透明膠帶
（布質或紙質）

麥克筆

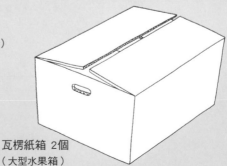

瓦楞紙箱 2個
（大型水果箱）

# 作法

① 同樣大小的鐵罐3個，貼膠帶連接起來。

② 手推車的樣式可參考完成圖，用瓦楞紙箱自由創作。

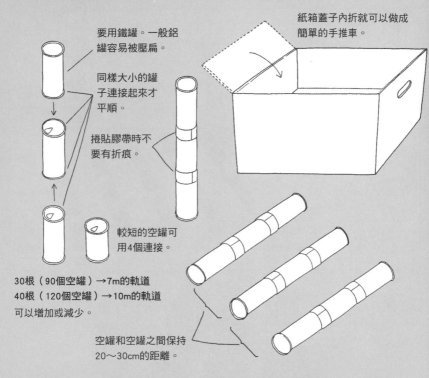

要用鐵罐。一般鋁罐容易被壓扁。

同樣大小的罐子連接起來才平順。

捲貼膠帶時不要有折痕。

紙箱蓋子內折就可以做成簡單的手推車。

較短的空罐可用4個連接。

30根（90個空罐）→7m的軌道
40根（120個空罐）→10m的軌道
可以增加或減少。

空罐和空罐之間保持20～30cm的距離。

**乘坐方法**

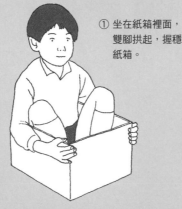

① 坐在紙箱裡面，雙腳拱起，握穩紙箱。

② 手掌張開，放在膝蓋的前面。

**玩法** 長條空罐如下圖排成一直線，坐上瓦楞紙箱，
請朋友幫忙推，就可以一路向前滑行囉！

從後面推

★注意 軌道兩側要鋪上墊子，
以防止意外。罐子被壓
扁後就不要再使用。

也可以用木板代替瓦楞紙箱，乘坐方法如下圖。

# Ⓑ 遊龍

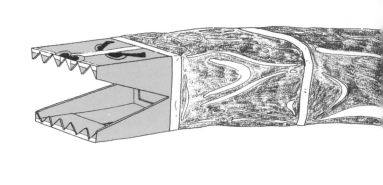

## 工具

大型美工刀

剪刀

## 材料

塑膠袋 5個

黑色或藍色的大型
不透明塑膠袋,尺
寸約65×80cm,
質地較厚的

瓦楞紙箱 6個
（大型水果箱）

不透明膠帶（布質）

麥克筆

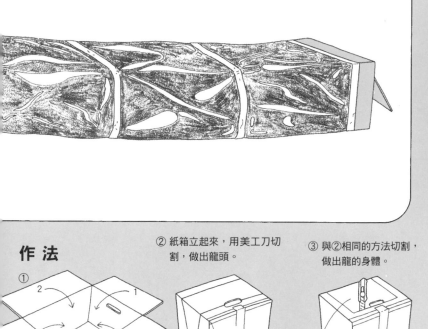

## 作 法

② 紙箱立起來，用美工刀切割，做出龍頭。

③ 與②相同的方法切割，做出龍的身體。

① 把紙箱蓋上，用膠帶封起來。

切到這裡，瓦楞紙箱要平放再切。

切到4分之3的位置。

兩側切成一樣。

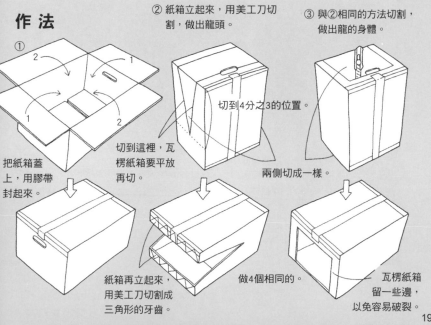

紙箱再立起來，用美工刀切割成三角形的牙齒。

做4個相同的。

瓦楞紙箱留一些邊，以免容易破裂。

④ 與②相同的方法切割，
做出龍尾。

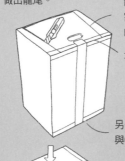

龍尾要切
割成 ⌂
的形狀。

不要切開。

另一側切成
與③一樣。

頭部

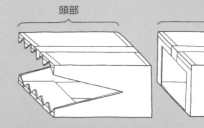

⑤ 把塑膠袋底部剪開，成為穿透狀。

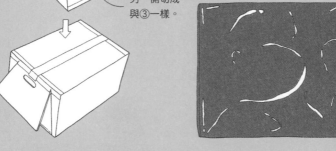

⑥ 5個穿透狀的塑膠袋用膠帶連接起來。

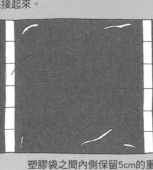

塑膠袋之間內側保留5cm的重疊處。

⑦ 連接成一長條的塑膠袋。把裡面
翻出來，貼膠帶的那面翻進去。

用麥克筆畫上圖案。

⑧ 把龍頭和塑膠袋用膠帶連接起來。

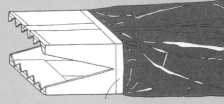

塑膠袋太長可以往裡反折，再用膠帶貼住。

198

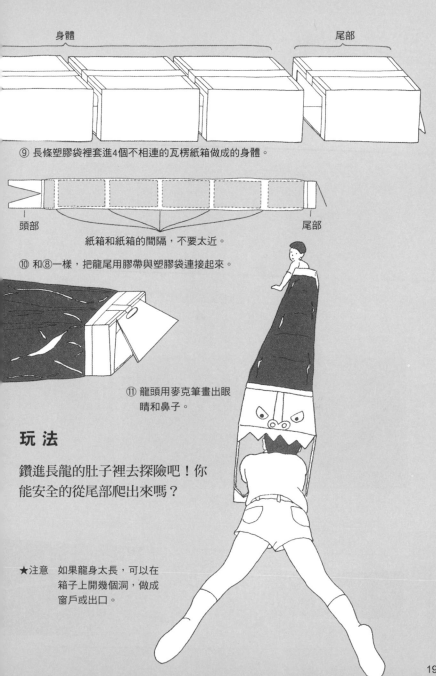

身體　　　　　　　　　　　　　尾部

⑨ 長條塑膠袋裡套進4個不相連的瓦楞紙箱做成的身體。

頭部　　　　　　　　　　　　　　　尾部

紙箱和紙箱的間隔，不要太近。

⑩ 和⑧一樣，把龍尾用膠帶與塑膠袋連接起來。

⑪ 龍頭用麥克筆畫出眼睛和鼻子。

## 玩 法

鑽進長龍的肚子裡去探險吧！你能安全的從尾部爬出來嗎？

★注意　如果龍身太長，可以在箱子上開幾個洞，做成窗戶或出口。

# Ⓑ 太空城

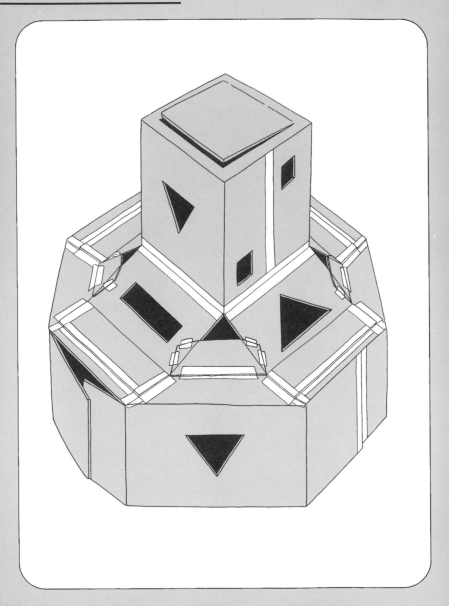

# 工具

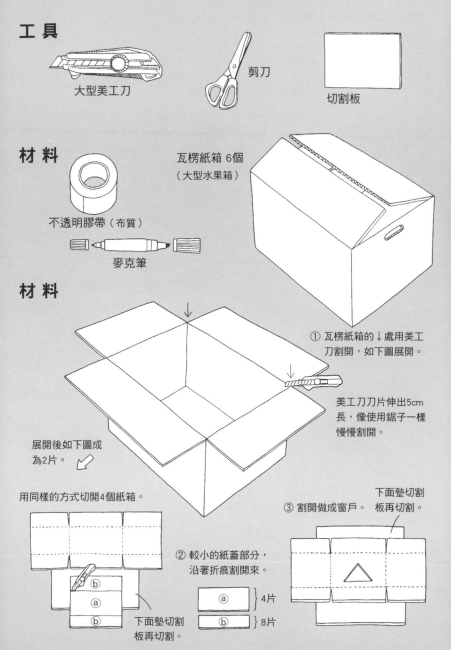

大型美工刀

剪刀

切割板

# 材料

不透明膠帶（布質）

麥克筆

瓦楞紙箱 6個
（大型水果箱）

# 材料

展開後如下圖成
為2片。

用同樣的方式切開4個紙箱。

下面墊切割
板再切割。

ⓑ

ⓐ

ⓑ

① 瓦楞紙箱的↓處用美工
刀割開，如下圖展開。

美工刀刀片伸出5cm
長，像使用鋸子一樣
慢慢割開。

② 較小的紙蓋部分，
沿著折痕割開來。

ⓐ } 4片

ⓑ } 8片

③ 割開做成窗戶。

下面墊切割
板再切割。

201

④ 把4個展開的瓦楞紙箱稍微重疊，兩邊用膠帶貼起來固定，連成一長條。

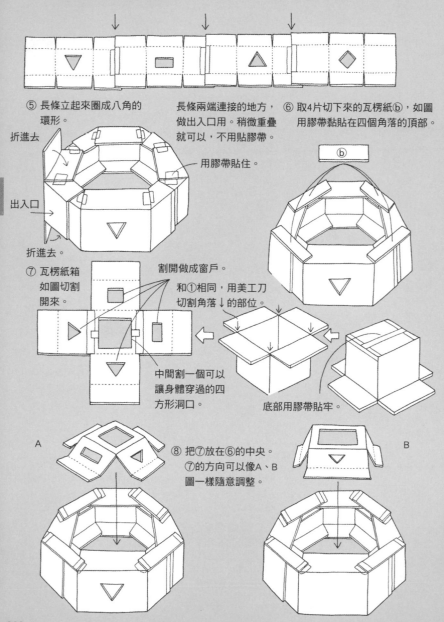

⑤ 長條立起來圈成八角的環形。

折進去

出入口

折進去。

長條兩端連接的地方，做出入口用。稍微重疊就可以，不用貼膠帶。

用膠帶貼住。

⑥ 取4片切下來的瓦楞紙ⓑ，如圖用膠帶黏貼在四個角落的頂部。

ⓑ

⑦ 瓦楞紙箱如圖切割開來

割開做成窗戶。

和①相同，用美工刀切割角落↓的部位。

中間割一個可以讓身體穿過的四方形洞口。

底部用膠帶貼牢。

A

⑧ 把⑦放在⑥的中央。⑦的方向可以像A、B圖一樣隨意調整。

B

202

⑨ 割下來的瓦楞紙ⓐ，取4片用美工刀割
　線後，凹折起來放在4個角落，再用膠
　帶貼住。

先用美工刀輕
輕劃一刀，就
很容易彎折。

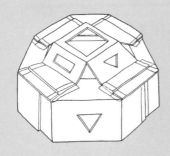

⑩ 瓦楞紙箱立起來，用膠帶貼住，和①的方法一
　樣用美工刀切
　割出窗戶。

屋頂只要割3道，
做成ㄇ字形的活
動氣窗。

底部割出四方
形的開口。

放在⑨的上面，
再用膠帶貼起來。

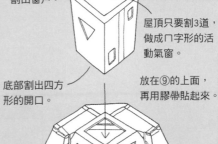

⑪ 用麥克筆在瓦楞紙箱上畫出自己喜歡的圖案。

# 玩 法

和朋友一起合作，可以建造出各式各樣的太空城堡喔！

# Ⓑ 隧道迷宮

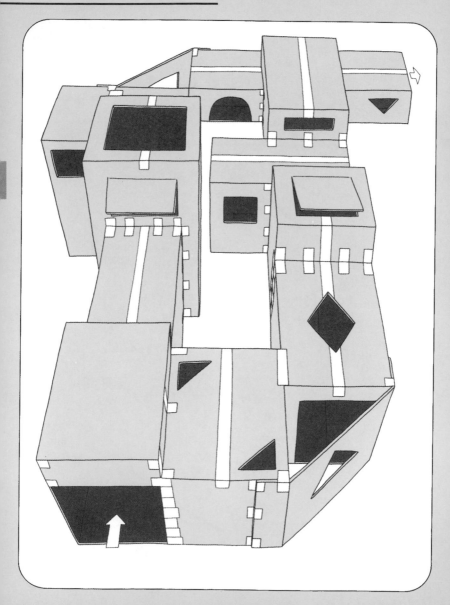

204

# 工具

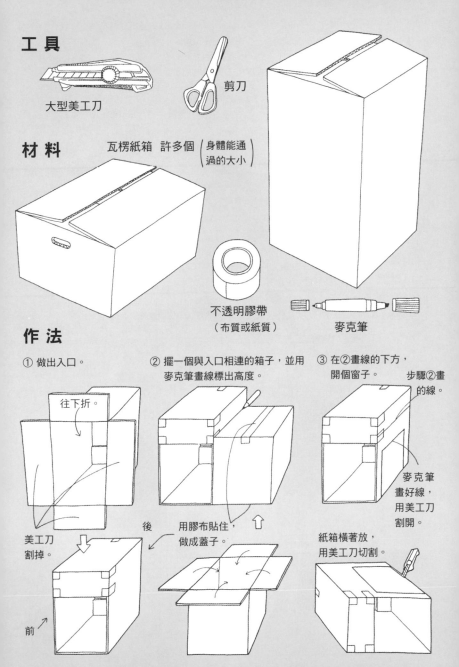

大型美工刀

剪刀

# 材料

瓦楞紙箱 許多個（身體能通過的大小）

不透明膠帶
（布質或紙質）

麥克筆

# 作法

① 做出入口。

往下折。

美工刀
割掉。

後

前

② 擺一個與入口相連的箱子，並用麥克筆畫線標出高度。

用膠布貼住，
做成蓋子。

③ 在②畫線的下方，開個窗子。　　步驟②畫的線。

麥克筆
畫好線，
用美工刀
割開。

紙箱橫著放，
用美工刀切割。

④ 與入口相鄰的紙箱上，割出同
　樣大小的窗子。

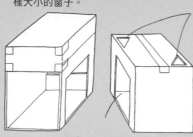

和③一樣，麥克筆畫好
線，再用美工刀割除。

麥克筆先畫好
線，再用美工
刀割除。

做成各種形
狀的窗子。

這一邊也要
割出窗子。

⑤ 用①～④的方法，把大大小小
　不同的箱子，用美工刀割出窗
　子和入口，再組合成和完成圖
　一樣的迷宮。

把所有組合好的瓦楞紙箱用膠
帶貼在一起。

也可以做只有一邊有窗子而無
法通行的箱子喔！

## 玩法

收集越多的瓦楞紙箱，
就可以做出更多
好玩的隧道
迷宮喔！

# 錐 子

# 錐子的種類和使用方法

把紙重疊固定在一起的打洞工具。

圖畫紙、厚紙板、瓦楞紙或是鐵鋁罐等材料需要打洞時，可以使用錐子或釘子等工具。

## 錐子

使用完畢後，必須把錐子的尖端包覆住，可以用小塊的瓦楞紙套住，也可以用厚紙包起來。

沒有錐子的時候，可用長釘子（10cm以上）代替。

### 5吋釘

15cm

在厚紙上打洞時，小心不要刺到手，最好在紙板下面墊一塊厚的保麗龍。

向下刺

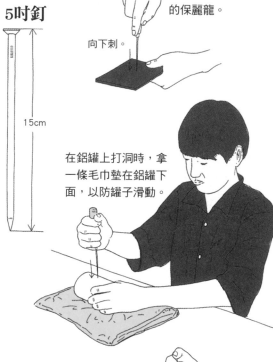

在鋁罐上打洞時，拿一條毛巾墊在鋁罐下面，以防罐子滑動。

錐子拿低一點，比較能夠對準打洞的位置。

5吋釘打出的洞比較大（吸管能通過的大小）。

# Ⓐ 牙籤陀螺

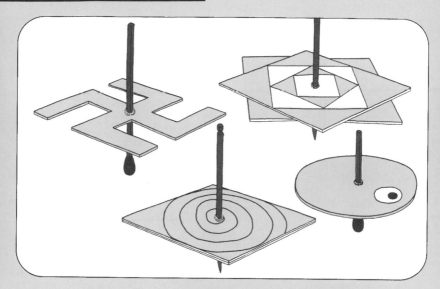

## 工具

剪刀　　　　　　　錐子

## 材料

方格厚紙板

火柴棒　　牙籤

鉛筆

樹脂　　　麥克筆

# 作 法

① 方格厚紙板的格子剪 5cm的正方形2塊。

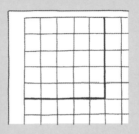

② 2塊正方形用樹脂黏合。

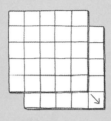

③ 乾了以後連接2條對角線,交叉的地方就是中心點。

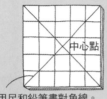

中心點

用尺和鉛筆畫對角線。

④ 中心點用錐子打個洞。

錐子鑽的洞不要太大。

牙籤由上往下插,火柴棒則由下往上插入。

⑤ 麥克筆在④的紙板上著色,再把牙籤插到洞裡,用樹脂黏住。

把鉛筆線用橡皮擦擦掉。

上半部較長。

樹脂黏上。

下半部較短。

# 玩 法

做出各種不同顏色、形狀的陀螺。玩的時候彼此互相碰撞,先停下來的就輸囉!

黃／藍

紅／藍

白／綠

## 圓形陀螺

1

利用圓形物體在厚紙板上畫圖。

剪刀剪下。

2

在薄紙上畫同樣大小的圓,用剪刀剪下來。

3

剪好的圓重複對折,折線重疊的地方就是中心點。

4

薄紙和厚紙重疊,用錐子在中心點打個洞,再穿上牙籤。

210

# Ⓐ 嗡嗡陀螺

## 工 具

 剪刀

錐子

 直尺

## 材 料

方格厚紙板

 鈕扣
（較大型
的鈕扣）

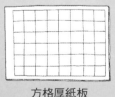 棉線

 樹脂
ボンド

鉛筆

麥克筆

## 作 法

① 厚紙板用剪刀剪下邊長5cm
　的正方形。

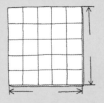

利用方格厚紙
板上的格子，
剪出2個相同
大小的正方形
紙板。

② 反面塗滿樹脂，把2塊正方
　形紙板用樹脂黏合。

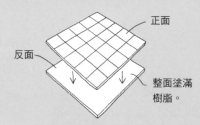

正面

反面

整面塗滿
樹脂。

③ 乾了以後用尺連接對角線，找出中心
　點的上、下方，用錐子各打一個洞。

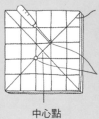

連接對角線，線
與線交叉的地方
就是中心點。

打洞的位置。能
穿過棉線的大小
就可以了。

中心點

④ 麥克筆塗上顏色，將棉線穿過兩個
　洞中。

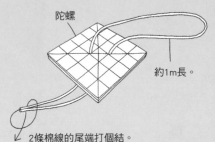

陀螺

約1m長。

2條棉線的尾端打個結。

## 玩 法

棉線用手指頭勾住，繞10圈。

往外一拉、往內一放，陀螺就會邊
轉邊發出嗡嗡的聲音。

除了用厚紙板做出各種形狀的嗡嗡
陀螺，還可以用鈕扣、牛奶瓶蓋做
做看喔！

用麥克筆塗上不同的顏色，看看
陀螺轉動時，會變成什麼顏色？

黃
紅

黃
藍

打洞後聲音
會改變喔！

# Ⓑ 鋁罐筏子

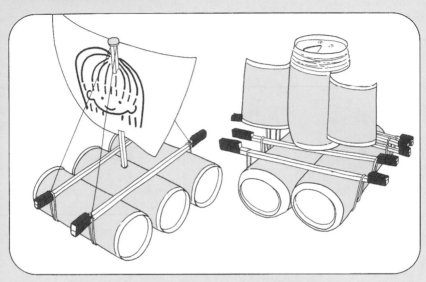

## 工具

錐子

剪刀

小刀

手套

## 材料

鋁罐 3個
（同樣大小的空罐）

圖畫紙

免洗筷 2雙

彩色膠帶

麥克筆

橡皮筋 2條

圖釘 1個

棉線

# 作 法

① 鋁罐中央用錐子打一個洞，再拿鉛筆把洞孔戳大，插1根免洗筷到洞裡。

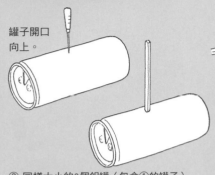

罐子開口向上。

② 免洗筷折短，免洗筷的兩端用彩色膠帶捲起來。

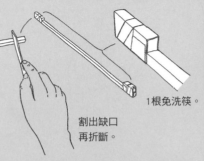

割出缺口再折斷。

1根免洗筷。

③ 同樣大小的3個鋁罐（包含①的罐子）如圖排好，再放上②的免洗筷，用橡皮筋固定。

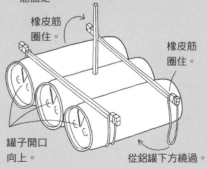

橡皮筋圈住。

橡皮筋圈住。

罐子開口向上。

從鋁罐下方繞過。

## 鋁罐做的帆——翅膀型

① 錐子在罐身打個洞。

② 剪刀伸入洞裡，上下剪開鋁罐。

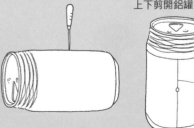

直剪後再橫剪。

④ 圖畫紙上畫一張帆，剪下。

用美工刀先割出穿過免洗筷的洞。

⑤ 剪下的帆串在筷子上，用線固定住桅桿，免得搖晃。

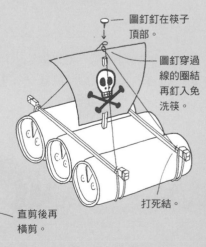

圖釘釘在筷子頂部。

圖釘穿過線的圈結再釘入免洗筷。

打死結。

③ 左右扳開向外折。

④ 貼上彩色膠帶。

貼上彩色膠帶。

剪成5mm的小線段,向裡折入。

**酒桶型**

①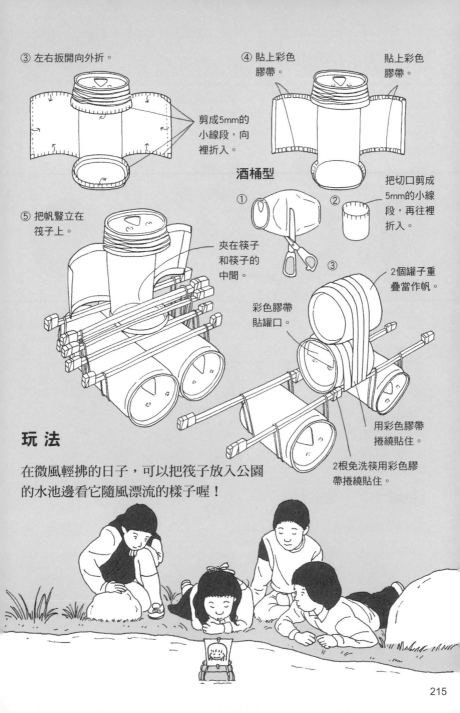

② 把切口剪成5mm的小線段,再往裡折入。

⑤ 把帆豎立在筏子上。

夾在筷子和筷子的中間。

③

2個罐子重疊當作帆。

彩色膠帶貼罐口。

用彩色膠帶捲繞貼住。

2根免洗筷用彩色膠帶捲繞貼住。

# 玩 法

在微風輕拂的日子,可以把筏子放入公園的水池邊看它隨風漂流的樣子喔!

# Ⓑ 紙杯劍玉（杯球遊戲）

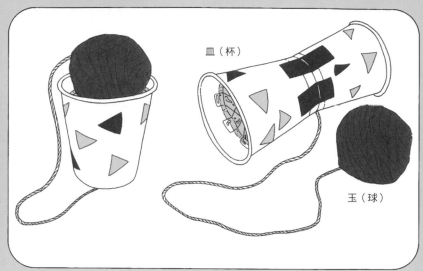

皿（杯）

玉（球）

## 工具

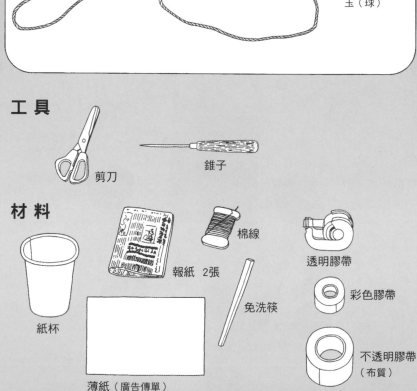

剪刀

錐子

## 材料

紙杯

報紙 2張

棉線

免洗筷

薄紙（廣告傳單）

透明膠帶

彩色膠帶

不透明膠帶
（布質）

# 作法

① 紙杯的杯底中心用錐子打一個洞。

紙杯倒過來用錐子鑽洞。

棉線通過的大小。

② 剪40cm長的棉線。折兩段3cm的筷子。

先剪出缺口比較容易折斷。

③ 棉線穿過杯底後，綁上一小段的免洗筷。

線從這裡穿入，在筷子上打個結。

打死結

④ 線頭另一端，也綁上一小段的免洗筷。

線綁上筷子打結，就不會從杯底滑出來了。

打死結

線的兩端都綁在筷子上打結。

**打死結的方法**

1  2  3  4

再打一次結。

⑤ 用1張報紙揉成圓形的紙球。

報紙1張

把線綁住的免洗筷包在報紙揉成的球中。

不要讓線頭被拔出。

用布質的不透明膠帶捲繞紙球一圈。

再用彩色膠帶捲繞一圈。

⑥ 紙杯中塞入半張報紙做成的半圓紙球。

報紙塞滿紙杯的3分之2。

$\frac{2}{3}$

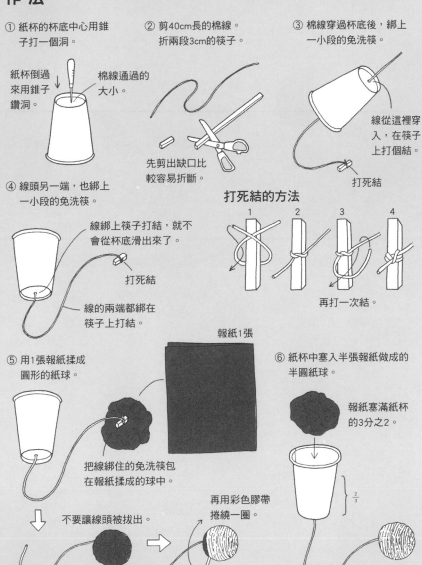

217

⑦ 紙杯口蓋在紙上畫圓，用剪刀剪下後放進杯子裡面。

⑧ 剪下彩色膠帶裝飾紙杯外殼，也可以用麥克筆著色。

內蓋。

俯瞰圖

彩色膠帶貼住，把內蓋和杯身貼合。

彩色膠帶
薄紙
報紙

**二個紙杯做的杯球**

紙杯裡塞了報紙

免洗筷

美工刀割一個三角形缺口，棉線從缺口穿出

彩色膠帶貼上。

如果不用報紙把杯底墊高，球掉入紙杯後會出不來。

彩色膠帶貼牢固定。

# 玩 法

## 杯的拿法和球的接法

從初級開始慢慢往高級挑戰。

正接
用杯子中心接住球。

反接
用杯底接住球。

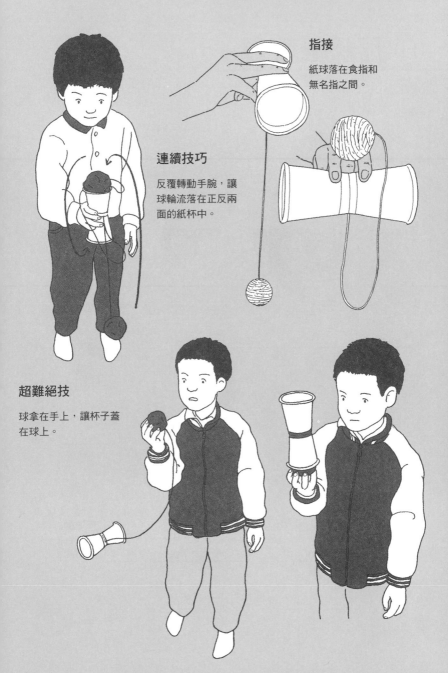

### 指接

紙球落在食指和
無名指之間。

### 連續技巧

反覆轉動手腕,讓
球輪流落在正反兩
面的紙杯中。

### 超難絕技

球拿在手上,讓杯子蓋
在球上。

219

# Ⓑ 瓦楞紙面具

## 工具

美工刀　　　　錐子

切割板

## 材料

瓦楞紙（瓦楞紙箱裁成）

樹脂

鉛筆

橡皮筋 4條

麥克筆

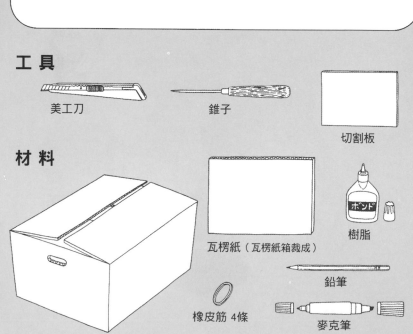

# 作 法

① 瓦楞紙上畫比自己臉大一點的四方形。

瓦楞紙直放，溝槽朝下。

② 四方形中間畫一張臉的形狀（像雞蛋的形狀）。

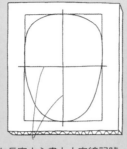

在長寬中心畫上十字線記號。

③ 用美工刀切出臉形（先切四周多餘的塊狀）。

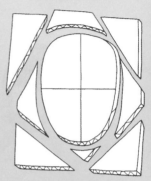

④ 美工刀割出眼睛、鼻子。

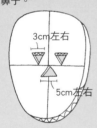

3cm左右

5cm左右

⑤ 橫線上做個記號，用錐子鑽洞。翻過來再鑽一次，讓洞變大。

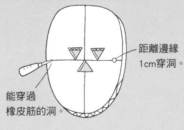

距離邊緣1cm穿洞。

能穿過橡皮筋的洞。

⑥ 翻回正面，用麥克筆畫圖。

⑦ 橡皮筋穿過洞孔，接長當頭帶。

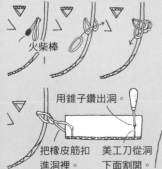

火柴棒

用錐子鑽出洞。

把橡皮筋扣進洞裡。　美工刀從洞下面割開。

**玩 法** 做各種不同圖案的面具來戴。

內側貼上彩色的玻璃紙，會更耀眼。

背面

用樹脂黏上。

# Ⓑ 弓箭

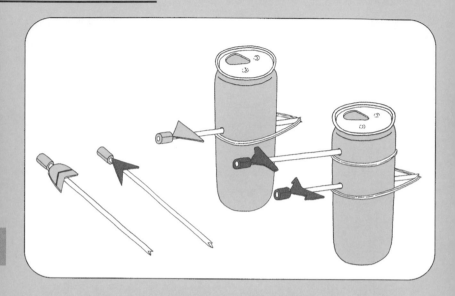

## 工具

剪刀　　　　　　　　　　錐子

## 材料

鋁罐
(果汁或汽水
的空罐)

透明膠帶　　　彩色膠帶

吸管
(質地較硬的吸
管飛得比較快)

橡皮筋

圖畫紙

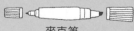
麥克筆

222

# 作法

① 橡皮筋套在鋁罐上。罐身中心用錐子打洞，
   再拿鉛筆把洞孔戳大。

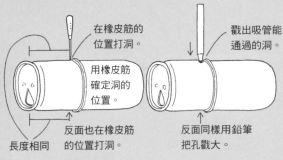

在橡皮筋的
位置打洞。

用橡皮筋
確定洞的
位置。

反面也在橡皮筋
的位置打洞。

長度相同

戳出吸管能
通過的洞。

反面同樣用鉛筆
把孔戳大。

側面圖

橡皮筋

洞的位置
左右相同
吸管才不
會傾斜。

吸管穿過洞。

俯瞰圖

② 用吸管做成箭。

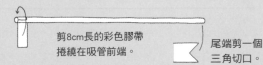

剪8cm長的彩色膠帶
捲繞在吸管前端。

尾端剪一個
三角切口。

③ 圖畫紙剪成箭羽，
   用透明膠帶貼住。

# 玩法

做一個箭靶，對準靶心把箭射出去。
絕對不可以朝人射箭喔！

### 發射方法

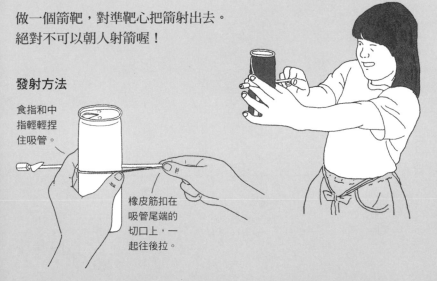

食指和中
指輕輕捏
住吸管。

橡皮筋扣在
吸管尾端的
切口上，一
起往後拉。

223

# Ⓑ 跳遠高手

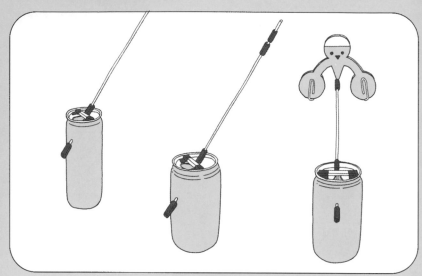

## 工具

小刀

錐子

圓規

剪刀

## 材料

方格厚紙板

鋁罐
（果汁或汽水
的空罐）

彩色膠帶

竹籤
（細）

免洗筷

迴紋針 2個

鉛筆

麥克筆

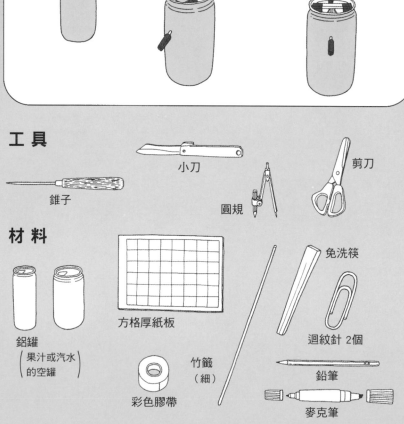

## 作 法

① 鋁罐用錐子打一個洞。

罐子靠上面的位置，打一個竹籤能穿過的洞。

罐子開口朝上。

把竹籤穿過。

② 切一小段與罐口直徑等長的免洗筷。

剪3～4cm的彩色膠帶捲貼上。

③ 竹籤兩端捲貼膠帶，以防竹籤滑落。

捲貼膠帶，讓竹籤架在免洗筷上。

④ 為防止紙偶滑落，在竹籤貼上膠帶。

紙偶放這裡。

用麥克筆上色。

剪一個可以放在竹籤上的三角形缺口。

手部夾迴紋針。

⑤ 用厚紙板做人偶。

用圓規畫出圓與弧形（參閱16頁）。

單位cm

剪下來。

## 玩 法

### 發射方法

紙娃娃射飛出去，降落在罐子上，依罐上標示的數字，看看誰的得分比較高！

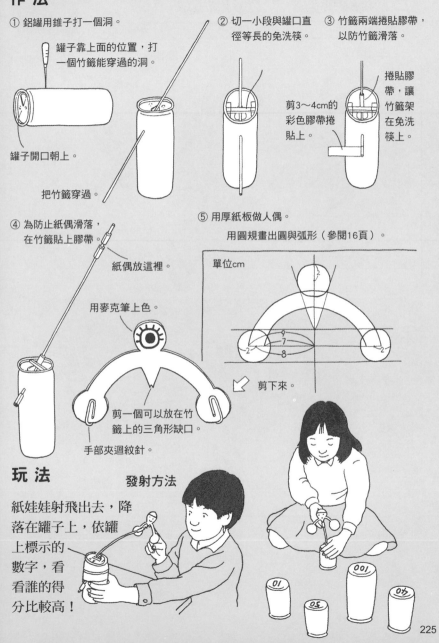

# Ⓑ 嗶嗶蟬・唧唧蟬

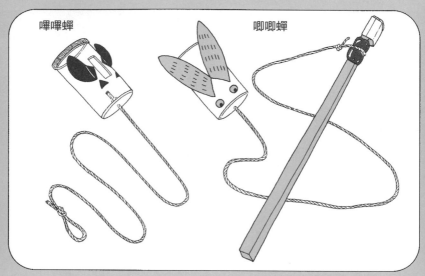

嗶嗶蟬　　　　　　　　唧唧蟬

## 工具

錐子

剪刀

小刀

美工刀

免洗筷

鐵罐
（鮭魚罐頭的空罐）

## 材料

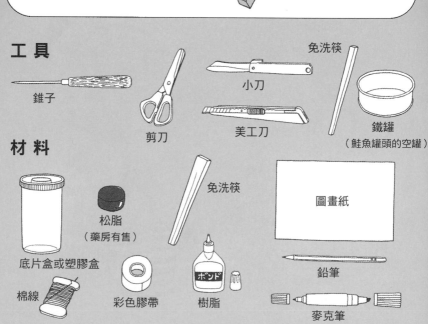

底片盒或塑膠盒

松脂
（藥房有售）

免洗筷

圖畫紙

棉線

彩色膠帶

樹脂

鉛筆

麥克筆

## 作法

### 嗶嗶蟬

① 塑膠盒底部用錐子打洞，穿線。

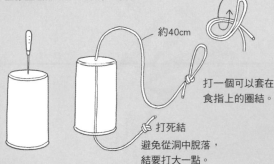

約40cm

打一個可以套在
食指上的圈結。

打死結
避免從洞中脫落，
結要打大一點。

② 塑膠盒蓋上蓋子，盒身割
出一個長方形的洞。

塑膠盒很好割，所以只要
將美工刀刀片伸出一點，
小心慢慢割即可。

### 唧唧蟬

① 和嗶嗶蟬的步驟①相同。
② 和嗶嗶蟬的步驟②相同。
③ 從免洗筷頭部折斷其中一根，
　保留頭部的這根，用彩色膠帶
　捲貼起來。

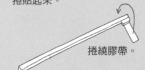

捲繞膠帶。

免洗筷四面劃缺
口，折斷後用砂
紙把切口磨平。

③ 圖畫紙剪出蟬的眼睛、翅膀，
　貼在塑膠盒上。

先用麥克
筆上色再
貼上去。

④ 挖下一小塊松脂，放在洗乾淨的
　罐子裡用火加熱，用免洗筷沾融
　化的松脂塗在③的筷子上。

松脂冷掉會變硬，
趁它還柔軟的時候
用手指捏好形狀。

## 玩 法

有蓋子的嗶嗶蟬
是套在手指上面
旋轉的。
唧唧蟬是套在免
洗筷上旋轉的。
轉圈時要小心，
不要打到人喔！

# ⓒ **風帆車**

## 工具

小刀

錐子

剪刀

釘書機

## 材料

竹籤
（粗）

厚紙板

瓦楞紙

圖畫紙（8開）1張

棉線

樹脂

透明膠帶

吸管

鉛筆

麥克筆

# 作 法

① 圖畫紙對折一半,剪開。

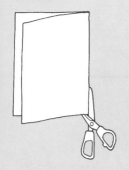

② 剪好的半張圖畫紙對折幾次。

2 兩邊往外對折。

1 對折。

3 整片一起對折後再打開。

依照折線折成一凹一凸的形狀。

③ 折好的圖畫紙按照圖示的位置剪開。

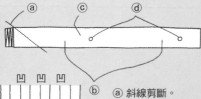

ⓐ 斜線剪斷。

ⓑ 三個凹下的部分,剪2條半開的直線。

ⓒ 四個凸起的地方,剪1條半開的斜線。

ⓓ 用錐子打出吸管能穿過的洞孔。

④ 剩下半張圖畫紙剪下2條寬15mm的長條。

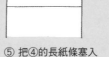

15mm

⑤ 把④的長紙條塞入ⓑ的切口。

兩邊折起來,用釘書機釘好。

插入ⓑ的切口。

⑥ 吸管穿過ⓓ的洞孔。

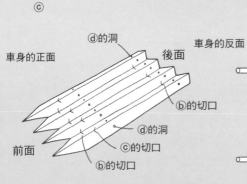

車身的正面

ⓓ的洞

後面

ⓑ的切口

ⓓ的洞

ⓒ的切口

前面

ⓑ的切口

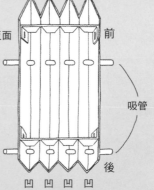

車身的反面

前

吸管

後

凹 凹 凹 凹

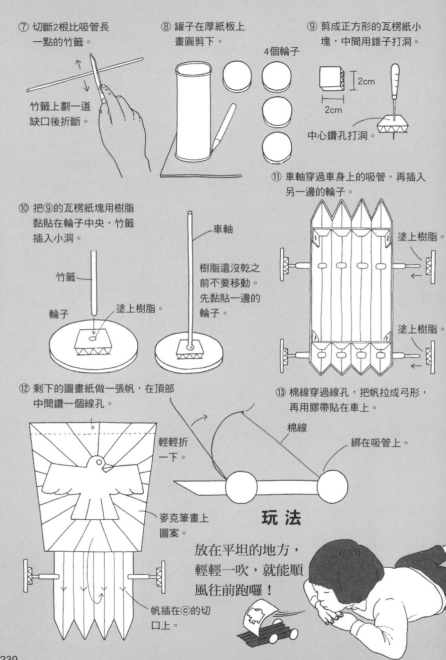

⑦ 切斷2根比吸管長一點的竹籤。

竹籤上劃一道缺口後折斷。

⑧ 罐子在厚紙板上畫圓剪下。

4個輪子

⑨ 剪成正方形的瓦楞紙小塊,中間用錐子打洞。

2cm
2cm

中心鑽孔打洞。

⑩ 把⑨的瓦楞紙塊用樹脂黏貼在輪子中央,竹籤插入小洞。

竹籤

輪子

塗上樹脂。

車軸

樹脂還沒乾之前不要移動。先黏貼一邊的輪子。

⑪ 車軸穿過車身上的吸管,再插入另一邊的輪子。

塗上樹脂。

塗上樹脂。

⑫ 剩下的圖畫紙做一張帆,在頂部中間鑽一個線孔。

輕輕折一下。

麥克筆畫上圖案。

帆插在ⓒ的切口上。

⑬ 棉線穿過線孔,把帆拉成弓形,再用膠帶貼在車上。

棉線

綁在吸管上。

**玩 法**

放在平坦的地方,輕輕一吹,就能順風往前跑囉!

# ⓒ 變臉獅子

## 工具

美工刀

錐子

剪刀

切割板

## 材料

小紙盒
1個

火柴盒或有
內盒的
紙盒

免洗筷
1根

圖畫紙

厚紙板

有孔硬幣 2枚
（鐵片圈或代幣）

牙籤

棉線

橡皮筋 3條

樹脂

透明膠帶

鉛筆

細字彩色筆

麥克筆

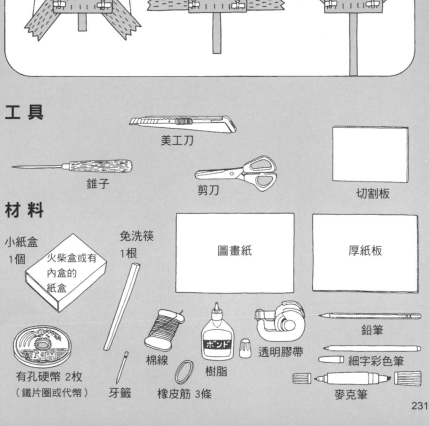

# 作 法

① 剪一張比紙盒大的四方形圖畫紙，
畫上獅子臉形。

② 紙盒框線中畫眼睛、嘴巴，
再用美工刀割下。

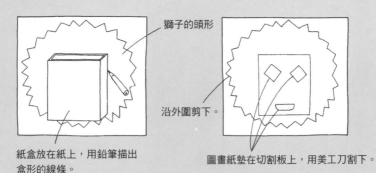

獅子的頭形

沿外圍剪下。

紙盒放在紙上，用鉛筆描出
盒形的線條。

圖畫紙墊在切割板上，用美工刀割下。

③ 把紙盒對準線框，連圖畫紙一起反過來描
眼睛、嘴巴。

④ 取出紙盒的內盒，割下眼睛和鼻子，
然後貼在圖畫紙（獅子頭）上。

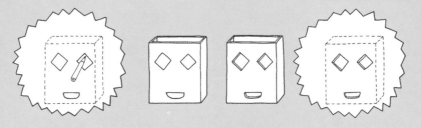

⑤ 內盒底部剪開，
貼上免洗筷。

⑥ 把⑤轉過來，橫劃一道1cm的缺口。圖畫紙剪成細
長的舌頭，穿過盒子的缺口，用透明膠帶貼住。

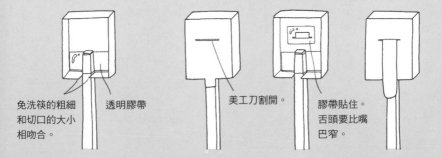

免洗筷的粗細
和切口的大小
相吻合。

透明膠帶

美工刀割開。

膠帶貼住。
舌頭要比嘴
巴窄。

⑦ 把⑥的內盒放入④的紙盒裡面。彩色筆畫眼珠，麥克筆畫獅子的臉。

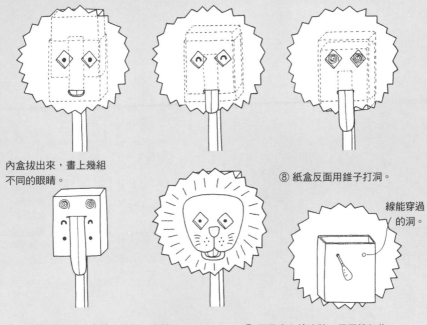

內盒拔出來，畫上幾組
不同的眼睛。

⑧ 紙盒反面用錐子打洞。

線能穿過
的洞。

⑨ 厚紙板做獅子的身體和手腳，身體
　　和手腳上用錐子鑽孔。

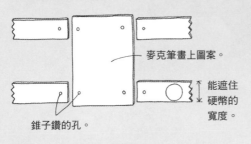

麥克筆畫上圖案。

能遮住
硬幣的
寬度。

錐子鑽的孔。

⑩ 洞孔穿入橡皮筋，用牙籤扣住。

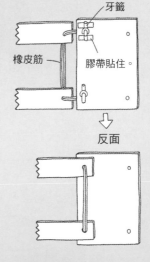

牙籤

橡皮筋

膠帶貼住。

反面

⑪ 橡皮筋繞兩圈綁在獅子身上。

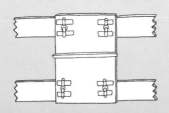

⑫ 剪2條30cm長的線穿過洞孔，
　再用膠帶貼在免洗筷上。

⑬ 把獅頭和身體用樹脂黏貼起來，線用
　膠帶貼在腳上。再貼上硬幣。

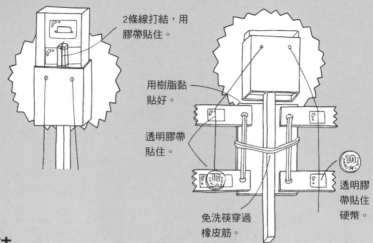

2條線打結，用
膠帶貼住。

用樹脂黏
貼好。

透明膠帶
貼住。

免洗筷穿過
橡皮筋。

透明膠
帶貼住
硬幣。

## 玩 法

免洗筷上下移動的時候，獅
子會擺動手腳、吐出舌頭，
眼珠也會改變呢。

# 鎚 子

# 鎚子的種類

釘釘子或敲打物體時使用的工具。

鎚子有各式各樣的形狀。釘小釘子（2～3cm）時，使用頭部較小的鎚子。釘大釘子時，則使用頭部較大的鎚子。木槌用在捶打鑿子的柄頭或不適用金屬敲打的物體。拔釘鎚則專門用來拔釘子。

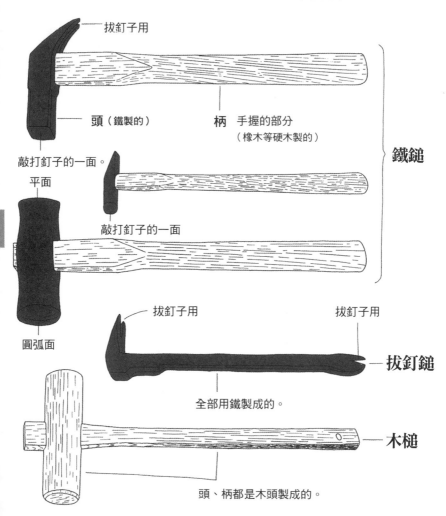

拔釘子用

頭（鐵製的）　柄　手握的部分
（橡木等硬木製的）

敲打釘子的一面。

平面

敲打釘子的一面

鐵鎚

圓弧面

拔釘子用　　　　　　　　　拔釘子用

拔釘鎚

全部用鐵製成的。

木槌

頭、柄都是木頭製成的。

# 鎚子的使用方法

先用一手的手指扶住釘子，另一手拿鎚子輕輕敲打，等釘子穩固後再用力敲打。注意！不要敲到手指，或是把釘子敲成彎曲或歪斜的樣子。使用頭部較大的鎚子，應該握在靠近頭部的地方輕輕敲打。使用頭部較小的鎚子，則應該握在靠近柄尾的地方用力敲打。

先用食指和拇指扶住釘子，鎚子垂直往下敲打在釘頭上。

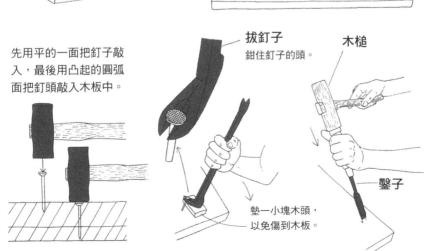

先用平的一面把釘子敲入，最後用凸起的圓弧面把釘頭敲入木板中。

**拔釘子**
鉗住釘子的頭。

墊一小塊木頭，以免傷到木板。

**木槌**

**鑿子**

# Ⓐ 驚奇望遠鏡

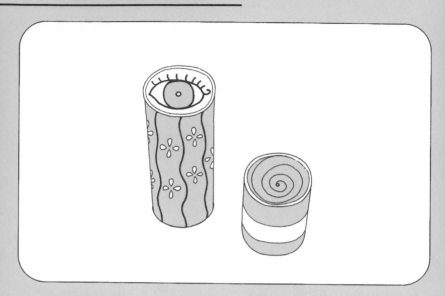

## 工具

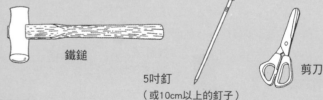

鐵鎚

5吋釘
（或10cm以上的釘子）

剪刀

## 材料

鋁罐或鐵罐
（果汁或汽水
的空罐）

圖畫紙

樹脂

麥克筆

## 作 法

① 用釘子在罐底中間打一個洞。

用釘子在罐子
的中間打洞。

② 圖畫紙鋪在罐子上,用鉛筆標出罐身長
度的記號。

紙對準罐身邊緣內側。

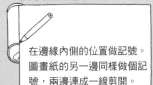

在邊緣內側的位置做記號。
圖畫紙的另一邊同樣做個記
號,兩邊連成一線剪開。

③ 罐子在圖畫紙上
畫圓,剪下。

用麥克筆畫
上圖案。

把②的圖畫紙捲在罐子上,
在重疊1～2cm的地方剪斷。

④ 把③的圖畫紙塗上樹脂貼在罐子上。

把畫好的
紙張捲在
罐子上。

圖畫紙的圓比罐
子大,所以要把
邊折進去。

圖畫紙上的洞和罐子上洞
的位置要重疊。

## 玩 法

從小洞看出去,你會看到不可思議的
世界!拿著望遠鏡看50～100cm遠的
東西,感覺會很奇妙喔!

# Ⓐ 踩罐子

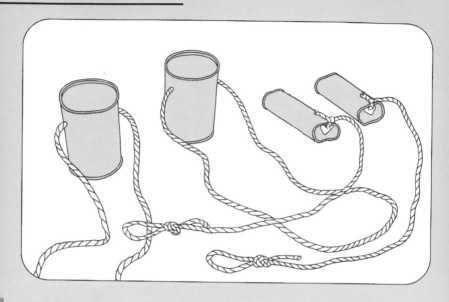

## 工具

鐵鎚

5吋釘

剪刀

## 材料

鐵罐 2個（大小相同）

尼龍繩

## 作 法

① 離罐底約3cm的罐身，
用5吋釘打個洞。

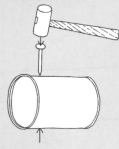

罐身的反面也
同樣打洞。

② 剪一長段尼龍繩，穿過
罐子上的洞。

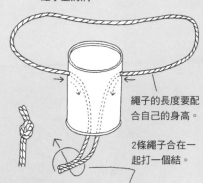

繩子的長度要配
合自己的身高。

2條繩子合在一
起打一個結。

### 踩罐子 1

① 在罐口下方3cm的罐身，
用5吋釘打個洞。

② 把罐子壓扁。

③ 剪一長段尼龍繩，
穿過罐子上的洞。

打死結

繩子的長度約為自己身高的一半。
（從腳底到腰部的長度）

## 玩 法

踩在罐子上，拉緊繩子，
就可以一步一步往前走囉！

### 踩罐子 2

打一個比洞
孔大的結。

罐底中央打
一個洞。

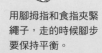

用腳拇指和食指夾緊
繩子，走的時候腳步
要保持平衡。

把腳掌心
踩在罐子
上。最好
穿鞋子，
腳比較不
會痛。

241

# Ⓑ 彈珠搖滾動物台

## 工 具

鐵鎚

## 材 料

魚糕板或小板子

鐵釘 50根（18～20mm）

麥克筆

彈珠（小型）1個

# 作 法

① 用麥克筆在板子上畫魚的輪廓。

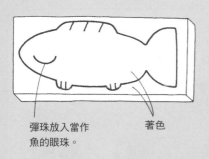

彈珠放入當作
魚的眼珠。

著色

② 沿著魚的輪廓釘上釘子。

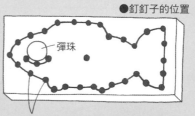

●釘釘子的位置

彈珠

為了不讓彈珠跑出來,釘子的間隔為彈珠
無法通過的大小。

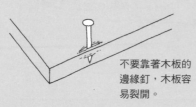

不要靠著木板的
邊緣釘,木板容
易裂開。

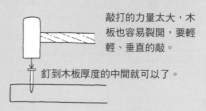

敲打的力量太大,木
板也容易裂開,要輕
輕、垂直的敲。

釘到木板厚度的中間就可以了。

# 玩 法

把彈珠滾到眼睛的部位,看起來就像魚睜
開眼睛;移開彈珠,好像魚在睡覺呢。彈
珠除了當魚或其他動物的眼睛,還可以變
成車輪、車燈、便當裡的菜、櫻桃……等
各種有趣的圖案喔。

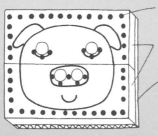

釘子

2塊板子組
合起來。

把瓦楞紙或三
夾板用樹脂黏
在下面。

搖動板子,把4顆彈珠分別卡入小豬的
眼睛和鼻子中間。

# Ⓑ 彈珠紅白大賽

## 工 具

鐵鎚

## 材 料

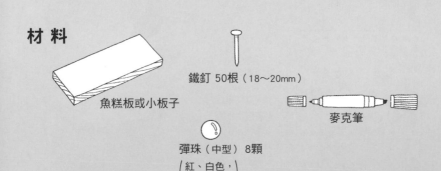

魚糕板或小板子

鐵釘 50根（18～20mm）

麥克筆

彈珠（中型）8顆

（紅、白色，
每色4顆）

# 作 法

① 用麥克筆在板子上畫線、著色。

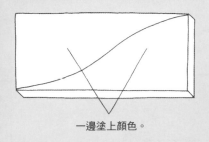

一邊塗上顏色。

② 釘釘子。間隔為彈珠無法通過的大小。

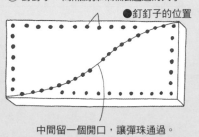

●釘釘子的位置

中間留一個開口，讓彈珠通過。

**玩 法** 可以改變彈珠的數量、彈珠的顏色，或是彈珠出入口的位置，玩法很多。

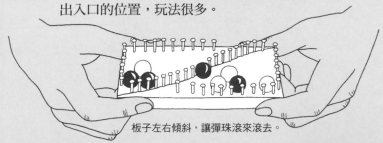

板子左右傾斜，讓彈珠滾來滾去。

8顆彈珠放在同一邊。

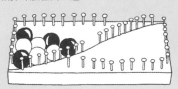

將相同顏色的彈珠，移動到同一邊。

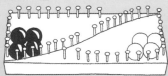

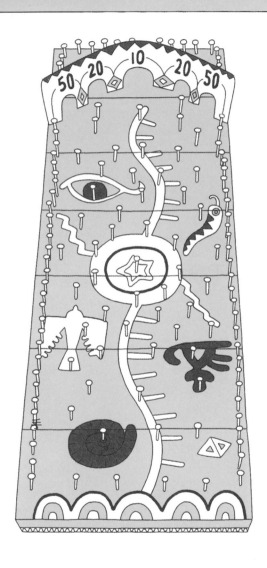

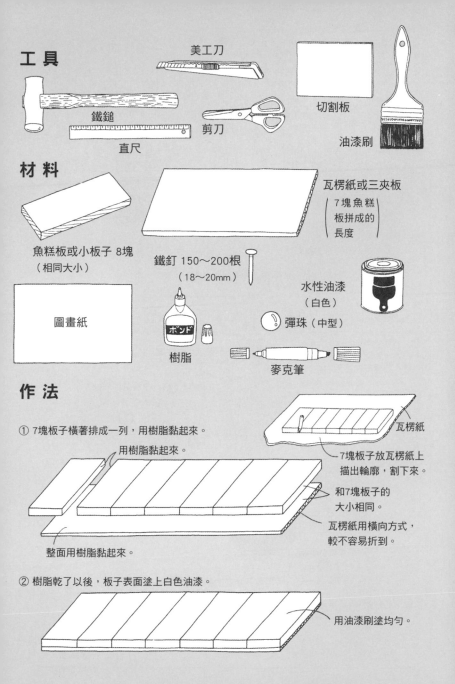

# 工具

美工刀

鐵鎚

直尺

剪刀

切割板

油漆刷

# 材料

瓦楞紙或三夾板
（7塊魚糕
板拼成的
長度）

魚糕板或小板子 8塊
（相同大小）

鐵釘 150～200根
（18～20mm）

水性油漆
（白色）

圖畫紙

樹脂

彈珠（中型）

麥克筆

# 作 法

① 7塊板子橫著排成一列，用樹脂黏起來。

用樹脂黏起來。

整面用樹脂黏起來。

瓦楞紙

7塊板子放瓦楞紙上
描出輪廓，割下來。

和7塊板子的
大小相同。

瓦楞紙用橫向方式，
較不容易折到。

② 樹脂乾了以後，板子表面塗上白色油漆。

用油漆刷塗均勻。

③ 油漆乾了以後，在白色的板子上用麥克筆畫上圖案。

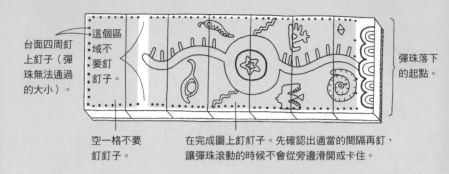

台面四周釘上釘子（彈珠無法通過的大小）。

這個區域不要釘釘子。

彈珠落下的起點。

空一格不要釘釘子。

在完成圖上釘釘子。先確認出適當的間隔再釘，讓彈珠滾動的時候不會從旁邊滑開或卡住。

④ 在上圖的黑點和圖案上釘釘子。

⑤ 用圖畫紙剪成一張長方形，如下圖畫上拱形的線條並剪開。

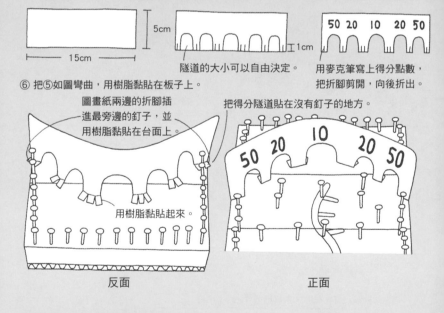

5cm

15cm

1cm

隧道的大小可以自由決定。

50 20 10 20 50

用麥克筆寫上得分點數，把折腳剪開，向後折出。

⑥ 把⑤如圖彎曲，用樹脂黏貼在板子上。

圖畫紙兩邊的折腳插進最旁邊的釘子，並用樹脂黏貼在台面上。

把得分隧道貼在沒有釘子的地方。

用樹脂黏貼起來。

反面

50 20 10 20 50

正面

⑦ 剩下的1塊小板子用來當彈珠台的腳架。

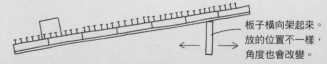

板子橫向架起來。放的位置不一樣，角度也會改變。

248

## 玩 法

把彈珠從斜坡滾入隧道的洞裡。彈珠通過的洞口會決定你的積分點數，你能得到多少分數呢？和朋友比賽10個回合，看看誰能得到最高分吧！

# Ⓑ 罐子劍玉（杯球遊戲）

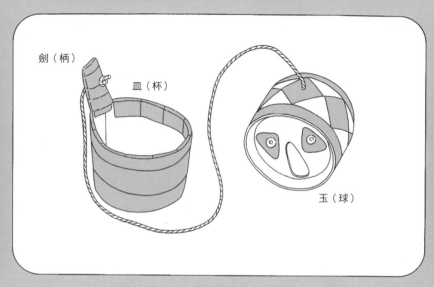

劍（柄）

皿（杯）

玉（球）

## 工具

剪刀

鐵鎚

錐子

手套

## 材料

鋁罐
（果汁或汽水
的空罐）

圖畫紙

棉線

彩色膠帶

鉛筆

麥克筆

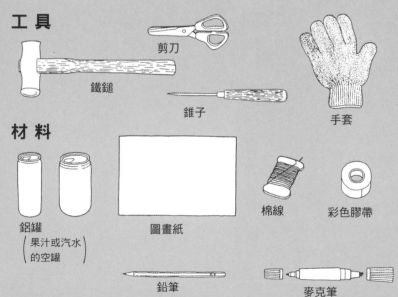

# 作 法

① 把鋁罐壓扁後用剪刀剪成兩半。

② 戴上手套，將切口扳回原狀，再用剪刀修剪整齊。

不要修太多免得鋁罐變太短。

③ 有底的這一半鋁罐用來做杯球的杯子。

剪出半個鋁罐深的片段。只有1片是2cm寬的，其餘都是1cm。

④ 剪成1cm寬的部分全部向罐內折。

保留2cm寬的片段，其他的往內折入。

橫向剪開3mm。

⑤ 剪成2cm寬的部分兩邊斜折成梯形。

剪一張大小適中的圖畫紙。

（參閱239頁）

⑥ 圖畫紙貼在鋁罐的內壁，罐身用彩色膠帶捲貼起來。

先直著貼，再橫著貼。

最上面一層膠帶剪開後，向罐內折入。

鋁罐的外側也用膠帶捲貼起來。

⑦ 用鐵釘釘出一個穿繩孔。

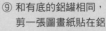

在下面墊一塊木板。

⑧ 鋁罐罐口的另一半，用來當杯球的球。

剪出半個鋁罐深、1cm寬的片段，向內折入。

⑨ 和有底的鋁罐相同，剪一張圖畫紙貼在鋁罐的內壁，罐身用膠帶捲貼好。

⑩ 罐身用錐子打一個洞。

⑪ 剪40cm長的棉線，穿過杯和球的洞孔。

棉線的兩端要打個死結（參閱175頁），以防止棉線從罐子上脫落。

## 玩 法

基本的拿法和接法

套入罐口的洞中。

晃動的球不容易套
入罐中,必須等它
靜止。

除了手的動作,身體其他部位
如膝蓋、腰部也要配合彎曲,
才能接到球。

試試看你能夠連續不斷接到幾次球呢?

# Ⓒ 彈珠雲霄飛車

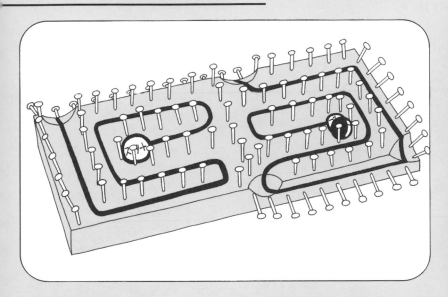

**工 具**

鐵鎚

**材 料**

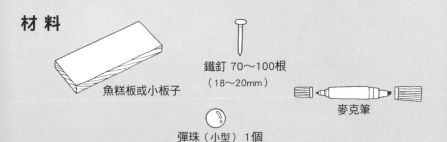

魚糕板或小板子

鐵釘 70〜100根
（18〜20mm）

麥克筆

彈珠（小型）1個

## 作法

① 板子上用麥克筆畫彈珠通行的路線。

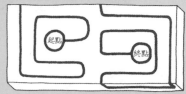

② 用鉛筆標出釘子的位置。

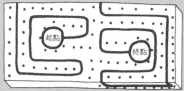

必須配合彈珠的大小，決定路線和釘子的位置。

③ 板子上削出幾個凹槽。

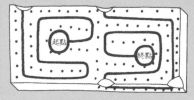

削出方便彈珠滾動的凹槽。

④ 在有鉛筆記號的地方釘上釘子。

↓ 把板子立起來，在側面橫台釘上釘子。

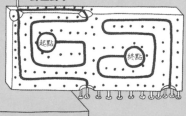

## 玩法

彈珠從起點放入，小心搖晃著板子，讓彈珠一路滾到終點！快速又隨意的搖動著板子，彈珠會像雲霄飛車般的溜過喔！

# © 空罐風帆車

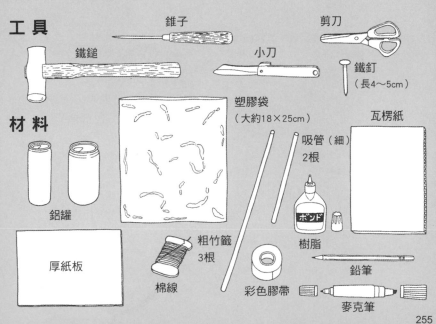

**工具**

錐子

剪刀

鐵鎚

小刀

鐵釘
（長4～5cm）

**材料**

鋁罐

塑膠袋
（大約18×25cm）

吸管（細）
2根

瓦楞紙

厚紙板

棉線

粗竹籤
3根

彩色膠帶

樹脂

鉛筆

麥克筆

# 作 法

① 罐身上捲貼彩色膠帶。

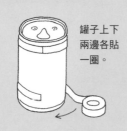

罐子上下
兩邊各貼
一圈。

② 罐底用釘子打個洞。

釘入像竹
籤一樣粗
的釘子。

③ 用錐子在貼膠帶的位置鑽
孔，再用5吋釘把孔挖大
穿過吸管。

打出4個洞。

吸管

④ 再穿一個用來固定帆的孔。

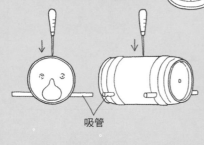

吸管

穿過吸管後，從罐
子正面看，2根吸
管要重疊才可以。
從罐子的側面看，
2根吸管要平行才
可以。

⑤ 用塑膠盒或瓶蓋在厚紙
板上畫一個圓剪下來。

⑥ 瓦楞紙剪成四方形小塊，
中間用錐子穿孔。

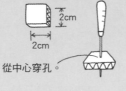

2cm

2cm

從中心穿孔。

⑦ 折斷2根比吸管長的竹籤。

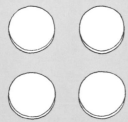

竹籤用小刀劃
一圈切口，然
後折斷。

⑧ 把⑥的瓦楞紙用樹脂黏
貼在輪圈中心。

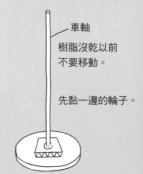

車軸

樹脂沒乾以前
不要移動。

先黏一邊的輪子。

256

⑨ 車軸穿過吸管後，黏上另一邊的輪子。

塗上樹脂。↓

鋁罐橫放，用樹脂黏貼輪子。樹脂乾燥之前不要動它。

⑩ 塑膠袋剪開，上面放竹籤，剪一塊如圖的三角形。

塑膠袋展開。

1cm左右　20cm左右　用剪刀剪下。
25cm左右

⑪ 塑膠袋的邊緣往內折，再貼上膠帶。

線頭用彩色膠帶捲貼住。

用棉線綁成十字形的結。

⑫ 竹籤的頂端捲續彩色膠帶。

彩色膠帶捲貼剪一個三角形。

用油漆筆畫上圖案。

捲貼3～4cm的膠帶。

⑬ 剩下竹籤的一端用彩色膠帶捲貼，再穿過罐底。

彩色膠帶。

由罐底的洞穿出。　膠帶捲貼。

⑭ 風帆插入罐上的洞孔中。

綁上10cm長的線。

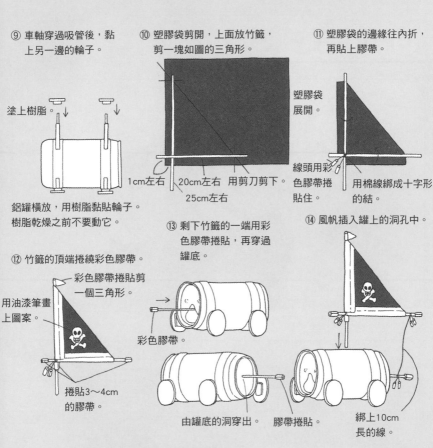

## 玩法

放在平坦的地方輕輕一吹，就能藉著風力往前跑。可配合鋁罐的大小，來改變風帆的大小呢！

# ⓒ 火箭炮

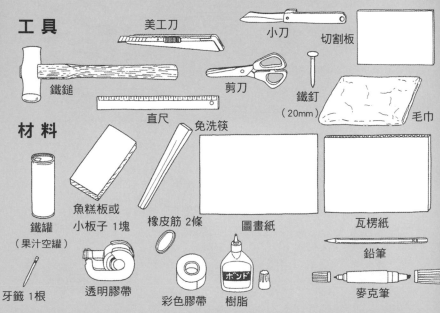

## 工具

美工刀　小刀　切割板

鐵鎚　剪刀　鐵釘（20mm）　毛巾

直尺　免洗筷

## 材料

鐵罐（果汁空罐）

魚糕板或小板子 1塊

橡皮筋 2條

圖畫紙

瓦楞紙

牙籤 1根

透明膠帶

彩色膠帶　樹脂

鉛筆

麥克筆

# 作法

① 用釘子在罐身上打洞。

在另一面也打一個洞。

底下墊毛巾,以免鐵罐滑動。

② 兩面的罐底用開罐器割下。

③ 橡皮筋穿過洞孔,用牙籤固定住。

橡皮筋

牙籤折成2～3cm長,橡皮筋穿過後,再用膠帶貼在鐵罐上。

④ 瓦楞紙切割成四方形。

2cm

4cm

2cm

2cm

橡皮筋的穿法

細鐵絲折彎後勾住橡皮筋,穿過罐上的洞孔。

用牙籤把橡皮筋往內推。

⑤ 把穿過鐵罐的橡皮筋夾在④的瓦楞紙兩邊。

拉出罐子裡的橡皮筋。
用樹脂黏貼。

用樹脂黏貼。

1
折起。

2
黏合起來。

用樹脂黏貼。

3

彩色膠帶捲貼。

⑥ 用釘子在瓦楞紙中間打一個洞。

中間打一個洞。

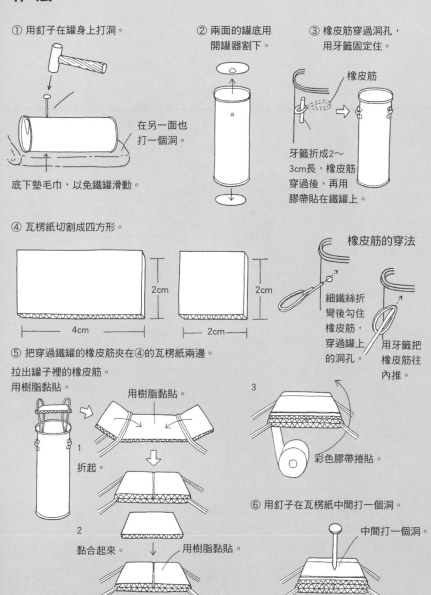

259

⑦ 把免洗筷前端削尖，
　插入⑥的洞中。

⑧ 拿一個罐子在圖畫紙上
　畫圓。

⑨ 再畫一圈比罐子
　大的圓。

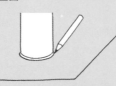

剪刀剪開。

用美工刀在圓心割一個
鉛筆可以穿過的孔。

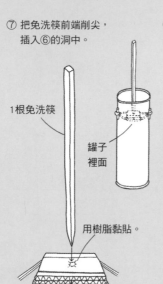

1根免洗筷

罐子
裡面

用樹脂黏貼。

⑩ 把⑨穿過筷子貼在罐口。

用樹脂
黏貼。

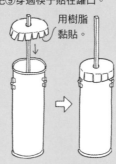

⑪ 圖畫紙剪成四方形，
　捲在鉛筆上。

10cm

4cm

剪刀剪2cm
垂直的切線。

彩色膠帶捲
貼起來。

⑫ 把⑪穿過筷子，插入罐中。

⑬ 和⑧相同的方式再剪一個
　圓，圓心中間打洞。

用樹脂黏貼。

往外折。

⑭ 罐身用彩色膠帶
　捲貼。

用樹脂黏貼。

罐子
裡面

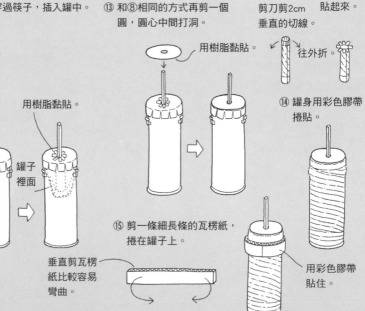

⑮ 剪一條細長條的瓦楞紙，
　捲在罐子上。

垂直剪瓦楞
紙比較容易
彎曲。

用彩色膠帶
貼住。

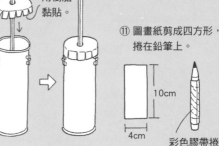

⑯ 剪一塊與鐵罐高度等長的瓦楞紙，貼在罐身上。

⑰ 做飛彈。
剪下10cm長的彩色膠帶，捲貼在牙籤上。

美工刀劃出缺口後折斷。

這裡放飛彈。

⑱ 做炮台。

瓦楞紙和板子的寬度相同，長度比較長。

用樹脂黏貼。

板子

折起來。

瓦楞紙

美工刀切割兩個小長方形。

切出弧形。

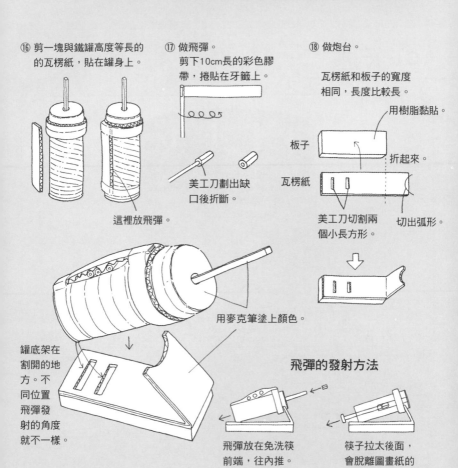

用麥克筆塗上顏色。

罐底架在割開的地方。不同位置飛彈發射的角度就不一樣。

## 飛彈的發射方法

飛彈放在免洗筷前端，往內推。筷子往後拉再放手，飛彈就會彈出去。

筷子拉太後面，會脫離圖畫紙的捲筒。

# 玩 法

做個靶子，朝目標的方向發射飛彈。不要朝著人發射喔！

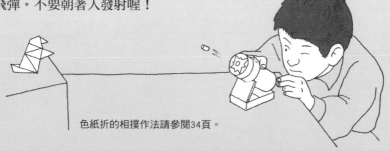

色紙折的相撲作法請參閱34頁。

# ⓒ 卡通

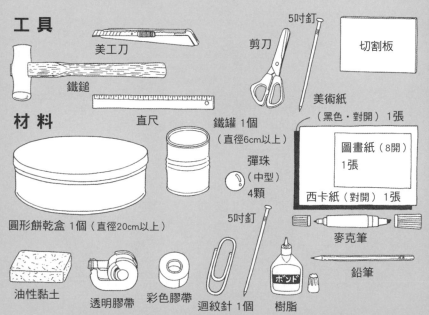

## 工具

美工刀

鐵鎚

直尺

剪刀

5吋釘

切割板

## 材料

圓形餅乾盒 1個（直徑20cm以上）

鐵罐 1個（直徑6cm以上）

彈珠（中型）4顆

5吋釘

美術紙（黑色・對開）1張

圖畫紙（8開）1張

西卡紙（對開）1張

麥克筆

鉛筆

油性黏土

透明膠帶

彩色膠帶

迴紋針 1個

樹脂

# 作法

① 用餅乾盒在黑色美術紙上畫一個大圓。

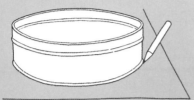

② 在①的大圓裡面,再畫一個小一點的圓,剪下來。

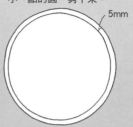

5mm

③ 圓形的黑紙對折再對折,找出圓心。

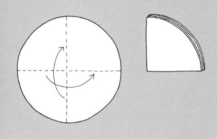

④ 把③的大圓打開,放在倒過來的餅乾盒底部,用5吋釘在圓心打洞。

黑紙

⑤ 打好洞再把餅乾盒翻過來,用樹脂把黑紙貼在盒中。

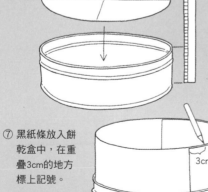

⑥ 再從黑紙上剪一條餅乾盒高度加10cm的長條。

鐵盒高度

10cm

用直尺畫線

裁切線

⑦ 黑紙條放入餅乾盒中,在重疊3cm的地方標上記號。

3cm

⑧ 標著記號的地方畫一條直線，用剪刀或美工刀裁切。

用短尺畫線。

標記的地方。

這裡標上記號。

用長尺量出紙張從頭到記號的長度，紙張另一邊也畫上等長的標記，
用尺把記號連接起來。

⑨ 扣除重疊的部分，全紙分成12等分，做出12條細長的窗縫。

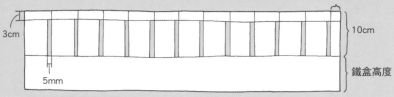

重疊位置

3cm

10cm

5mm

鐵盒高度

用美工刀割除綠色細條的部分。

⑩ 圖畫紙上用小鐵罐
　畫個圓。

⑪ 從圓的內側2～3mm的
　地方剪下來。

2～3mm

⑫ 剪好的圓對折再對折，
　找出圓心。

⑬ 把⑫的圓打開放在鐵罐底，
　用5吋釘在中心打一個洞。

⑭ 打洞後，把圓紙貼在
　鐵罐底。

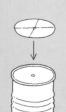

⑮ 剪一小塊圖畫紙捲在彈
　珠上，做成圓筒形狀。

圓筒比
彈珠大
一點。

剪開圓筒，
把一半的彈
珠露出來。

透明膠帶
貼牢。

能轉動彈珠。

做4組。

264

⑯ 用樹脂把⑮的小圓筒黏貼在罐底。

俯瞰圖

等樹脂乾了以後
再放入彈珠。

⑰ 把5吋釘打入餅乾盒底部和鐵罐的洞中。

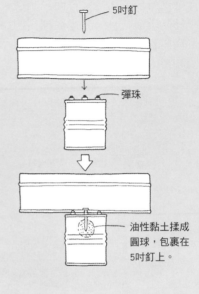

5吋釘

彈珠

油性黏土揉成
圓球，包裹在
5吋釘上。

⑱ 製作螢幕。

把西卡紙放入餅乾盒中，如圖用鉛
筆標上記號。

在紙張重疊
的地方標上
記號。

餅乾盒的邊緣
標上記號。

⑲ 和⑧一樣在標記的地方畫線，
用剪刀或美工刀裁切

餅乾盒的高度 {

餅乾盒的圓周長度

⑳ 把長紙條分成12等分，畫成連續動作的圖案。

鉛筆輕輕畫出線條。

看起來像
人在跳舞。

看起來像
人在跑步。

看起來像
鳥在飛。

## 玩法

把螢幕放入餅乾盒裡面，一邊轉動著餅乾盒，一邊從細長的窗口看過去，可以看到會動的圖畫喔！

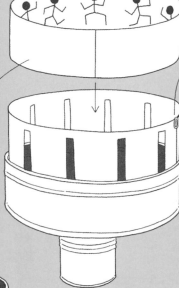

黑紙和螢幕不要用膠帶或樹脂黏住，方便隨時都能取出。

紙張重疊的地方用迴紋針夾住。

轉餅乾盒。

平常不用的時候，可以把黑紙、螢幕捲起來綁住，收在餅乾盒裡面。

把照片剪下來貼在紙上當成螢幕，還可以做漫畫等各種不同的螢幕喔！

266

# 鋸子・錐刀

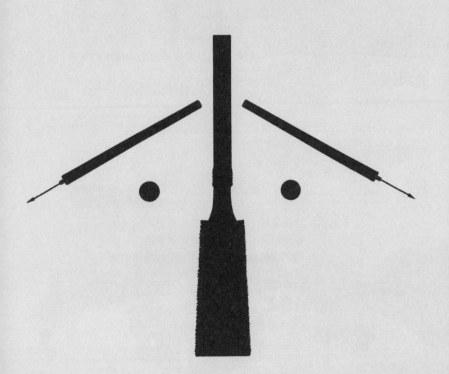

# 鋸子・錐刀的種類

鋸子，是切割木材、竹子、金屬時使用的工具。
錐刀，是在木材、竹子、金屬上打洞的工具。
　由於切割的材料和切割方法很多，所以鋸子也有各式各樣的種類。
錐刀因刀刃的形狀不同，可以打出各種適合使用的洞孔。

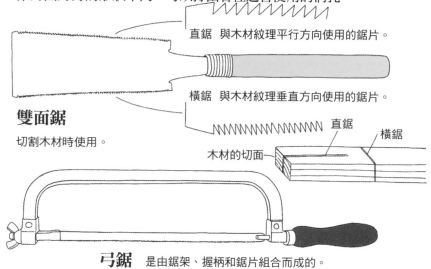

直鋸　與木材紋理平行方向使用的鋸片。

橫鋸　與木材紋理垂直方向使用的鋸片。

## 雙面鋸

切割木材時使用。

直鋸
橫鋸
木材的切面

## 弓鋸

是由鋸架、握柄和鋸片組合而成的。
切割竹子、鐵、鋁等材質時使用。
轉開螺帽就能更換鋸片，操作簡單方便。

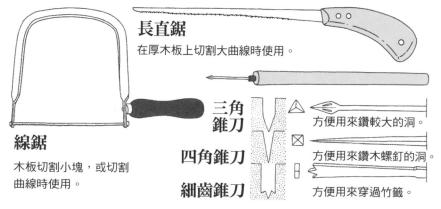

## 長直鋸

在厚木板上切割大曲線時使用。

## 線鋸

木板切割小塊，或切割
曲線時使用。

**三角錐刀**　方便用來鑽較大的洞。

**四角錐刀**　方便用來鑽木螺釘的洞。

**細齒錐刀**　方便用來穿過竹籤。

# 鋸子・錐刀的使用方法

　　鋸子是用拉的方式來切割，而不是用壓的方式。錐刀是夾在手掌中間摩擦旋轉後，往下鑽出洞來。

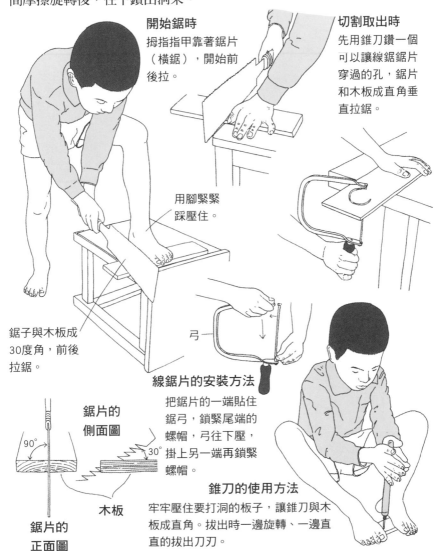

### 開始鋸時

拇指指甲靠著鋸片（橫鋸），開始前後拉。

### 切割取出時

先用錐刀鑽一個可以讓線鋸鋸片穿過的孔，鋸片和木板成直角垂直拉鋸。

用腳緊緊踩壓住。

鋸子與木板成30度角，前後拉鋸。

弓

### 線鋸片的安裝方法

把鋸片的一端貼住鋸弓，鎖緊尾端的螺帽，弓往下壓，掛上另一端再鎖緊螺帽。

鋸片的側面圖

90°

30°

### 錐刀的使用方法

牢牢壓住要打洞的板子，讓錐刀與木板成直角。拔出時一邊旋轉、一邊直直的拔出刀刃。

木板

鋸片的正面圖

# Ⓐ 大嘴響板

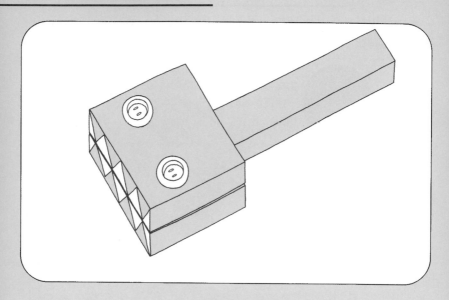

## 工 具

鋸子

砂紙（細）

## 材 料

魚糕板或小板子 2塊

碎布

鈕扣 4顆

樹脂

# 作法

① 2塊板子上用尺畫線後，再用鋸子切割。

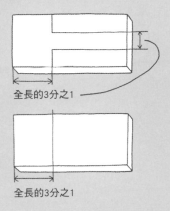

全長的3分之1

全長的3分之1

② 鋸子鋸開後切口用砂紙磨平，再用麥克筆塗上顏色。

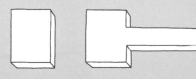

③ 2塊板子接合起來。

剪一塊適當大小的碎布，用樹脂黏在板子上。

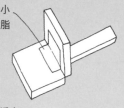

④ 用樹脂黏貼2顆鈕扣做成眼睛。

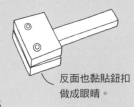

反面也黏貼鈕扣做成眼睛。

樹脂還沒乾透之前，先不要把2塊板子合起來，放一塊多餘的板子讓它晾乾。

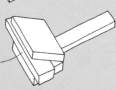

# 玩法

手腕上下揮動，大嘴響板就會吧嗒吧嗒、發出板子開開合合的聲音喔！

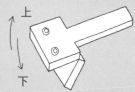

上

下

試試看，在響板的大嘴裡釘上圖釘，或是貼一塊三夾板，會發出什麼奇怪的聲音呢？

# Ⓑ 翻轉梯

## 工具

直尺

鋸子

砂紙（細）

剪刀

## 材料

緞帶（寬1cm、長1m）

魚糕板或小板子 3塊

樹脂

ボンド

鉛筆

麥克筆

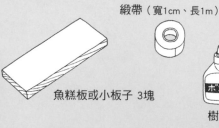

## 作法

① 把板子的兩邊用刀子削圓。

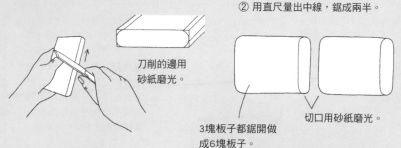

刀削的邊用
砂紙磨光。

② 用直尺量出中線，鋸成兩半。

3塊板子都鋸開做
成6塊板子。

切口用砂紙磨光。

③ 6塊板子用緞帶如圖黏接起來。

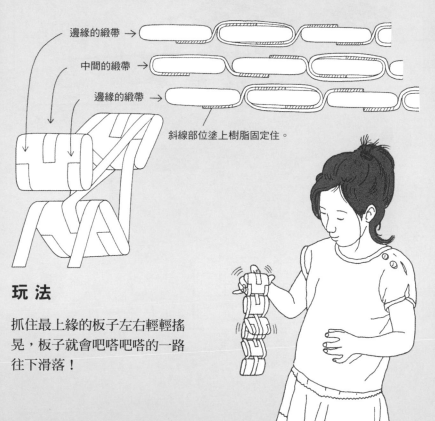

邊緣的緞帶 →

中間的緞帶 →

邊緣的緞帶 →

斜線部位塗上樹脂固定住。

## 玩法

抓住最上緣的板子左右輕輕搖
晃，板子就會吧嗒吧嗒的一路
往下滑落！

# Ⓑ 折疊式 黑白棋的棋盤和棋盒

*黑白棋：又稱翻轉棋，是英國人發明的棋盤遊戲。棋子為圓形，黑白雙面兩色，共64顆棋子；棋盤是由64格正方形組成。

開始玩的時候，先在棋盤中央放置黑白相間的4顆棋子，由黑子開始雙方輪流下，只要棋盤上任何一方棋子連成一條線（直橫斜都可包夾對方的棋子），就可以將對方的棋子翻轉成自己的顏色，最後由棋子多的一方獲勝。

## 工 具

鋸子

剪刀

直尺

砂紙（細）

油漆刷

## 材 料

三夾板（厚2.5mm、寬35cm）

方格厚紙板

樹脂

ボンド

不透明膠帶（布質）

水性油漆（黑色）

圓棒（直徑3cm、長70cm以上）

麥克筆

透明膠帶

透明漆

鉛筆

# 作 法 黑白棋棋盤

① 三夾板用直尺畫出如下圖的格子。

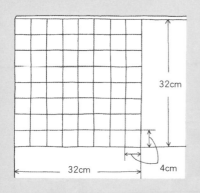

32cm

32cm

4cm

② 用鋸子把三夾板鋸成8等分。
切口用砂紙磨光。

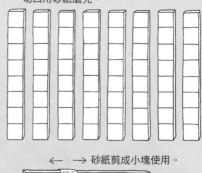

← → 砂紙剪成小塊使用。

③ 透明膠帶沿線貼住，四方形表面用
油漆塗黑。

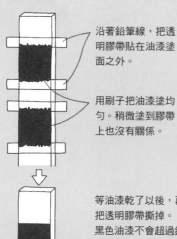

沿著鉛筆線，把透
明膠帶貼在油漆塗
面之外。

用刷子把油漆塗均
勻。稍微塗到膠帶
上也沒有關係。

等油漆乾了以後，再
把透明膠帶撕掉。
黑色油漆不會超過鉛
筆畫的線。是一種遮
蔽油漆的方法。

透明膠帶撕掉以後，再用新的刷子整片
塗上透明漆。

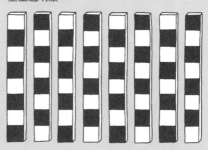

④ 透明漆乾了以後，把板子翻面併攏排好，
貼上不透明膠帶。

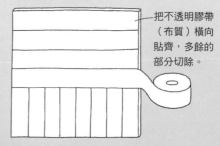

把不透明膠帶
（布質）橫向
貼齊，多餘的
部分切除。

⑤ 貼上不透明膠帶，棋盤
　就可以隨意捲起來或打
　開了。

**黑白棋子**

① 圓棒鋸成寬1cm的
　小圓塊，切口用砂
　紙磨光。

② 一面塗上黑色油漆，乾了
　以後兩面都塗上透明漆。

塗黑色油漆。

塗上透明漆。

棋子做64顆。

**黑白棋的棋盒**

① 用方格厚紙板做成圓筒。

白色部分用
剪刀剪掉。

麥克筆塗
上顏色。

34cm

5cm的
黏貼處

30cm

1cm的黏貼處

剪出1cm的寬度。

用樹脂黏
貼住。

外側用
透明膠
帶黏貼
起來。

往內折
進去。

② 畫一個圓筒大小的圓，
　用剪刀剪下。

鉛筆

厚紙板

③ 用樹脂黏貼在圓筒底部。

麥克筆塗
上顏色。

④ 做棋盒的蓋子。

往內折入。
黏貼位置

3cm

7cm

30.5cm

1cm的
黏貼位置

用與②相
同的方式
做蓋子。

塗上樹脂黏貼住。

# 玩 法

棋子排成橫線或直線，
包夾到對方的棋子就
可以變為己方的顏
色。棋盤上誰的棋
子較多就是贏家。

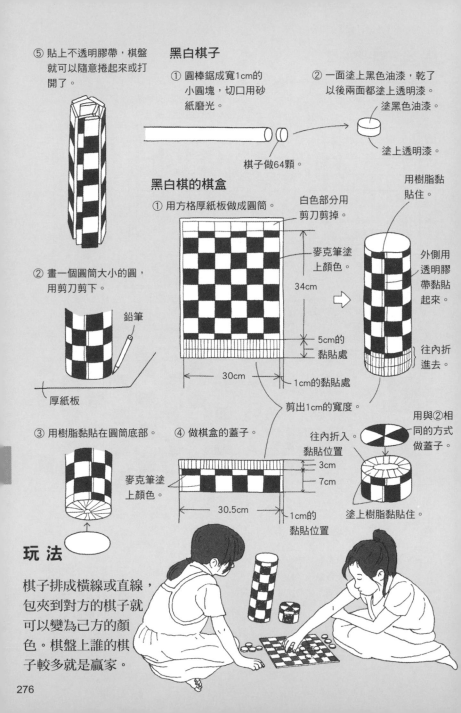

# Ⓑ 智慧環

## 工 具

錐刀　　　　　線鋸　　　　　剪刀　　　砂紙（細）

## 材 料

魚糕板或小板子 1塊

麻繩

彩色膠帶

有孔硬幣 1枚
可用遊樂場代
幣、鐵片圈或
鈕扣鑽洞代替

麥克筆

## 作法

① 鉛筆在板子上畫〇線。

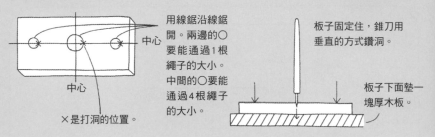

用線鋸沿線鋸
開。兩邊的〇
要能通過1根
繩子的大小。
中間的〇要能
通過4根繩子
的大小。

中心

中心

×是打洞的位置。

② 用錐刀在打×的記號上打洞。

板子固定住，錐刀用
垂直的方式鑽洞。

板子下面墊一
塊厚木板。

④ 繩子穿過鋸好的洞並打結。

③ 線鋸片穿過打好的洞，再沿〇線鋸開
（參閱269頁）。

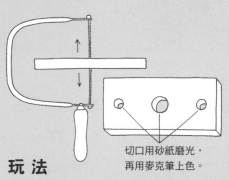

切口用砂紙磨光，
再用麥克筆上色。

硬幣或鐵片圈

繩子末端用膠帶捲繞。

## 玩 法

不剪斷、不解開繩子的情況下，你能把
左邊繩子上的硬幣移到右邊繩子上嗎？

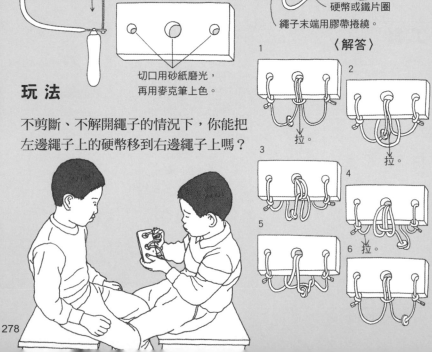

〈解答〉

1

2

拉。

拉。

3

4

5

6 拉。

278

# ⓑ 火箭發射基地

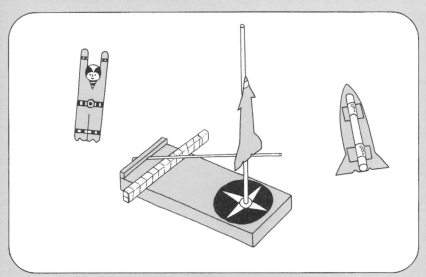

## 工具

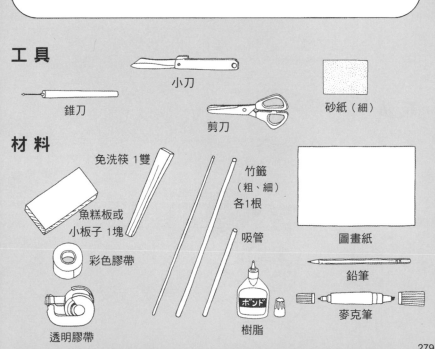

錐刀

小刀

剪刀

砂紙（細）

## 材料

免洗筷 1 雙

魚糕板或
小板子 1 塊

彩色膠帶

透明膠帶

竹籤
（粗、細）
各1根

吸管

樹脂

圖畫紙

鉛筆

麥克筆

279

# 作法

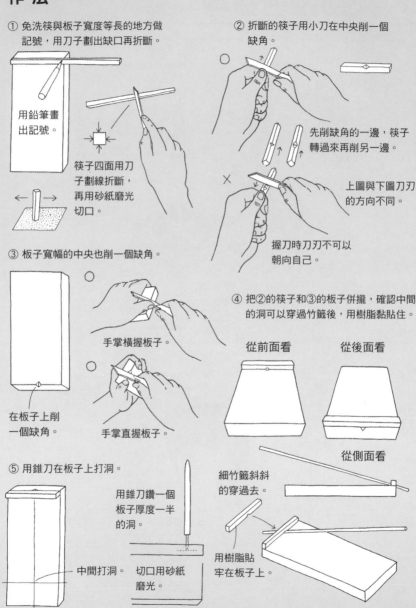

① 免洗筷與板子寬度等長的地方做記號，用刀子劃出缺口再折斷。

用鉛筆畫出記號。

筷子四面用刀子劃線折斷，再用砂紙磨光切口。

② 折斷的筷子用小刀在中央削一個缺角。

先削缺角的一邊，筷子轉過來再削另一邊。

上圖與下圖刀刃的方向不同。

握刀時刀刃不可以朝向自己。

③ 板子寬幅的中央也削一個缺角。

手掌橫握板子。

在板子上削一個缺角。

手掌直握板子。

④ 把②的筷子和③的板子併攏，確認中間的洞可以穿過竹籤後，用樹脂黏住。

從前面看　　從後面看

從側面看

細竹籤斜斜的穿過去。

⑤ 用錐刀在板子上打洞。

用錐刀鑽一個板子厚度一半的洞。

中間打洞。　切口用砂紙磨光。

用樹脂貼牢在板子上。

⑥ 粗竹籤折斷成15cm長，插在錐刀
打的洞裡。

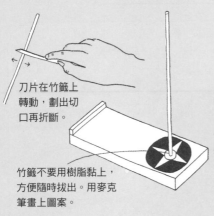

刀片在竹籤上
轉動，劃出切
口再折斷。

竹籤不要用樹脂黏上，
方便隨時拔出。用麥克
筆畫上圖案。

⑦ 折一段比板子還寬的免洗筷，用彩色
膠帶捲貼起來。

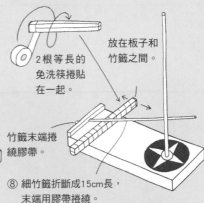

2根等長的
免洗筷捲貼
在一起。

放在板子和
竹籤之間。

竹籤末端捲
繞膠帶。

⑧ 細竹籤折斷成15cm長，
末端用膠帶捲繞。

⑨ 圖畫紙做火箭。

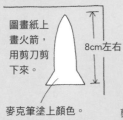

圖畫紙上
畫火箭，
用剪刀剪
下來。

8cm左右

麥克筆塗上顏色。

剪一段吸
管貼在火
箭上。

剪出三角形缺口，
掛在竹籤上。

移動捲繞的膠帶，就可
以改變免洗筷的角度。

# 玩 法

5、4、3、2、1、0！
火箭飛上天囉！
除了火箭之外，還可
以做成其他的物體發
射出去喔！

# ©︎ 竹筒劍玉（杯球遊戲）

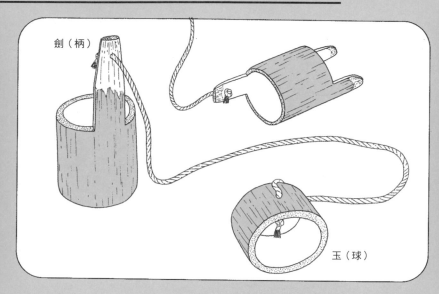

劍（柄）

玉（球）

## 工具

小刀

砂紙（細）

鋸子

剪刀

錐刀

鐵鎚

切割板

毛巾

## 材料

竹筒（一手握住的粗細）

棉線

# 作 法

① 把竹筒依照❶、❷、❸的順序鋸開（參閱269頁）。

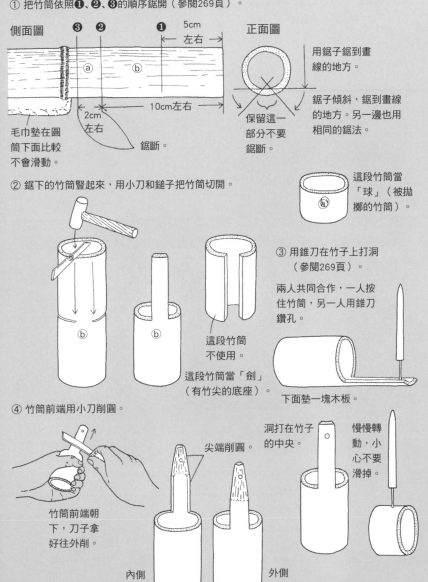

側面圖

❸ ❷ ❶ 5cm 左右

ⓐ ⓑ

10cm左右

2cm
左右

鋸斷。

毛巾墊在圓
筒下面比較
不會滑動。

正面圖

用鋸子鋸到畫
線的地方。

鋸子傾斜，鋸到畫線
的地方。另一邊也用
相同的鋸法。

保留這一
部分不要
鋸斷。

② 鋸下的竹筒豎起來，用小刀和鎚子把竹筒切開。

這段竹筒當
「球」（被拋
擲的竹筒）。
ⓐ

ⓑ

ⓑ

這段竹筒
不使用。

這段竹筒當「劍」
（有竹尖的底座）。

③ 用錐刀在竹子上打洞
（參閱269頁）。

兩人共同合作，一人按
住竹筒，另一人用錐刀
鑽孔。

下面墊一塊木板。

④ 竹筒前端用小刀削圓。

竹筒前端朝
下，刀子拿
好往外削。

尖端削圓。

內側

外側

洞打在竹子
的中央。

慢慢轉
動，小
心不要
滑掉。

283

⑤ 用砂紙把削過的竹子切口磨光。

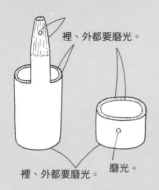

裡、外都要磨光。

裡、外都要磨光。　磨光。

⑥ 剪一條40cm長的棉線，穿過
竹筒上的洞再打結。

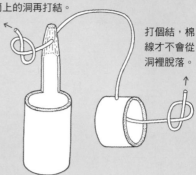

打個結，棉
線才不會從
洞裡脫落。

# 工 具

你能連續把球（被拋擲的竹筒）插入劍
（底座的竹尖）裡幾次呢？挑戰看看吧！

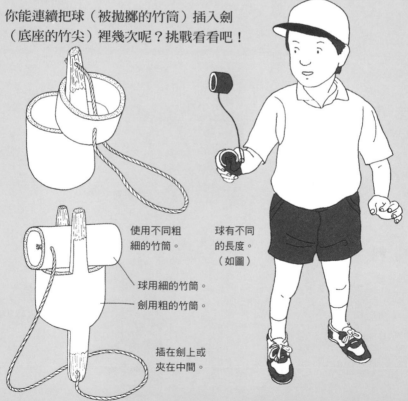

使用不同粗
細的竹筒。

球用細的竹筒。

劍用粗的竹筒。

球有不同
的長度。
（如圖）

插在劍上或
夾在中間。

# ⓒ 蘿蔔大炮

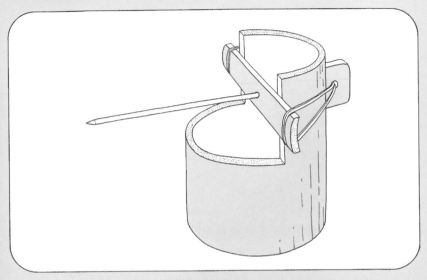

## 工 具

小刀

鋸子

砂紙（細）

切割板

錐刀

鐵鎚

毛巾

## 材 料

竹筒

（一手握住
的粗細）

炮彈材料

白蘿蔔

橡皮筋 1條

橡皮擦

胡蘿蔔

地瓜

橘子皮

# 作 法

① 把竹筒依照❶、❷、❸的順序鋸開。

② 鋸下的竹筒豎起來，用小刀和鎚子把竹筒切開。

❸　❷　❶　鋸到一半。

毛巾墊在圓筒下面比較不會滑動。

切口的部位用砂紙磨光。

③ 竹筒❷的部分切成片狀，做箭和箭軸。

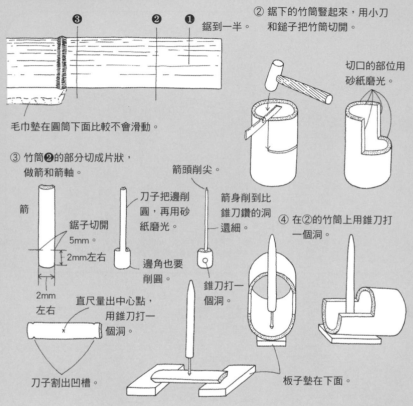

箭頭削尖。

箭

刀子把邊削圓，再用砂紙磨光。

鋸子切開5mm。

2mm左右

2mm左右

箭身削到比錐刀鑽的洞還細。

邊角也要削圓。

錐刀打一個洞。

④ 在②的竹筒上用錐刀打一個洞。

直尺量出中心點，用錐刀打一個洞。

刀子割出凹槽。

板子墊在下面。

⑤ 把箭和箭軸安置在圓筒上。

橡皮筋穿過箭尾的洞孔，再扣在箭軸的凹槽上。

# 玩 法

把蘿蔔、地瓜等蔬菜切成1cm左右的小方塊插在箭頭上，對準目標後即可發射。

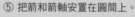

# ⓒ 竹蜻蜓

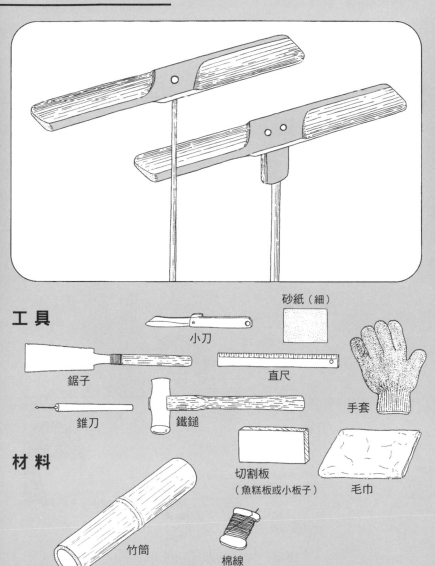

**工 具**

小刀

砂紙（細）

鋸子

直尺

錐刀　鐵鎚

手套

切割板
（魚糕板或小板子）

毛巾

**材 料**

竹筒

棉線

287

# 作 法

① 把竹筒依照❶、❷的順序鋸開。

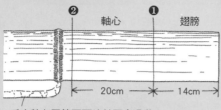

❷ 軸心 ❶ 翅膀

← 20cm → ← 14cm →

毛巾墊在圓筒下面比較不會滑動。

③ 做翅膀的竹片用直尺量出中心點做個記號。

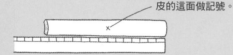

皮的這面做記號。

④ 錐刀在③的竹片中心鑽洞。

竹片兩頭架
在板子上。

板子。

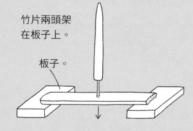

⑥ 細竹片削成圓棒形的軸心。

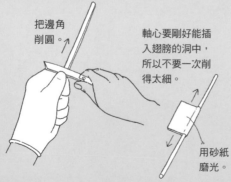

把邊角
削圓。

軸心要剛好能插
入翅膀的洞中，
所以不要一次削
得太細。

用砂紙
磨光。

② 鋸下的竹筒豎起來，用小刀
和鎚子把竹筒切開。

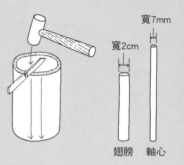

寬7mm

寬2cm

翅膀 軸心

⑤ 竹片用小刀削薄。

刀片靠在上
面，慢慢把
竹片削薄。

戴上手套再
握竹片。

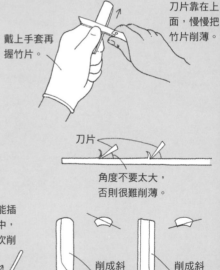

刀片

角度不要太大，
否則很難削薄。

削成斜
斜地。

削成斜
斜地。

外側 內側

288

⑦ 把翅膀的四個角割掉，再用砂紙磨
　成圓弧狀。

⑧ 軸心插入翅膀上的洞中，多出的
　部分鋸掉。

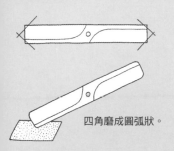

四角磨成圓弧狀。

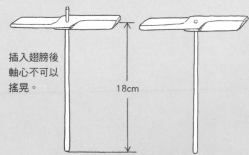

插入翅膀後
軸心不可以
搖晃。

18cm

## 翅膀飛起來的竹蜻蜓作法

① 用和前頁相同的方法把
　竹筒剖開。

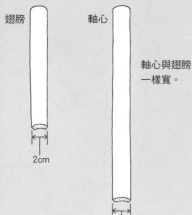

翅膀　　　軸心

軸心與翅膀
一樣寬。

2cm

2cm

② 軸心前端寬一點，其餘部分用刀子慢慢削掉。

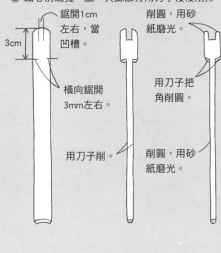

鋸開1cm
左右，當
凹槽。

3cm

橫向鋸開
3mm左右。

用刀子削。

削圓，用砂
紙磨光。

用刀子把
角削圓。

削圓，用砂
紙磨光。

③ 翅膀靠在軸心上，標出記號後，再用錐刀鑽2個洞。

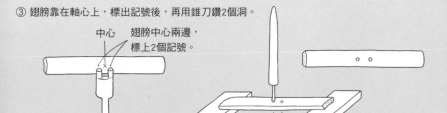

中心　翅膀中心兩邊，
　　　標上2個記號。

○ ○

289

④ 鑽了洞的竹片用刀子削薄，做成翅膀。

四個角削圓。

⑤ 軸心插入翅膀的洞裡。

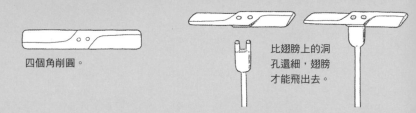

比翅膀上的洞孔還細，翅膀才能飛出去。

## 玩 法

到廣闊的地方試飛。可以改變翅膀大小，看看會有什麼不一樣喔！

### 飛翔的方法

把軸心夾在兩隻手掌中間，前後快速摩擦一下，蜻蜓一旋轉就飛出去了。

## 翅膀飛起來的竹蜻蜓發射機

參考完成圖自己做做看。

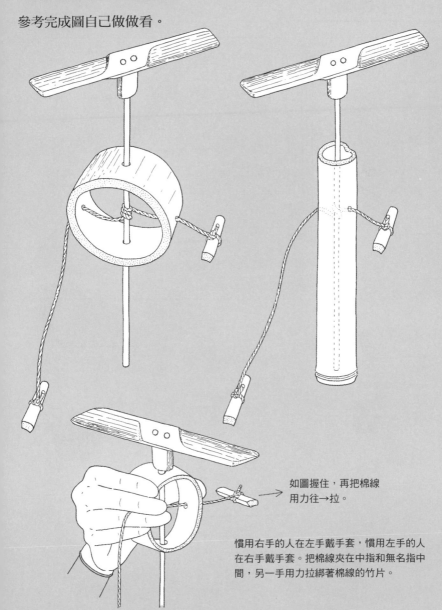

如圖握住,再把棉線
用力往→拉。

慣用右手的人在左手戴手套,慣用左手的人
在右手戴手套。把棉線夾在中指和無名指中
間,另一手用力拉綁著棉線的竹片。

291

# ⓒ 陀螺

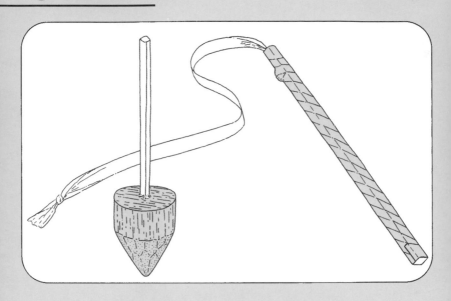

## 工具

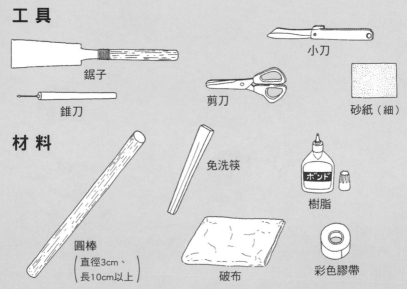

鋸子

小刀

錐刀

剪刀

砂紙（細）

## 材料

免洗筷

樹脂

圓棒
（直徑3cm、
長10cm以上）

破布

彩色膠帶

# 作 法

① 用削鉛筆的方法把圓棒的
前端削圓。

② 圓棒前端鋸一小段下來，
切口用砂紙磨光。

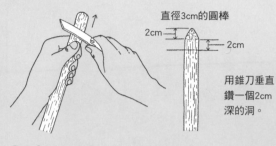

直徑3cm的圓棒

2cm

2cm

用錐刀垂直
鑽一個2cm
深的洞。

③ 用錐刀在中心
打個洞。

一個人鑽洞時，
用兩隻腳的大拇
指，夾在陀螺的
兩側。

④ 和①同樣的方法，把免洗筷的一端削尖。

⑤ 樹脂注入錐刀鑽出的洞裡，
再把④的筷子插入。

⑥ 樹脂乾透以後，把筷子（軸
心）切成7～8cm長左右。

樹脂

打結。

布條彈這裡。

⑦ 破布剪成長40cm、寬2cm的布條，
綁在另一根免洗筷上。

剪一個開口，就可以
用手撕開。

⑧ 用彩色膠帶把筷子捲貼住。

# 玩 法

陀螺軸心夾在手中用力
旋轉，手握筷子把布條
輕輕打在陀螺底部三角
錐上。不要打到軸心，
否則陀螺停止。

# ⓒ 彈珠台

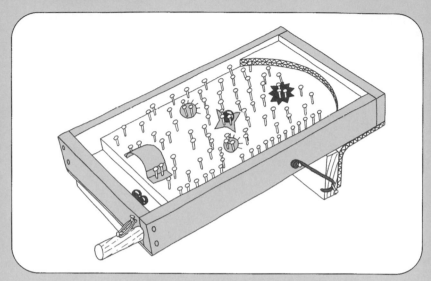

## 工具

美工刀

剪刀

砂紙（細）

鋸子

錐刀

直尺

鐵鎚

油漆刷

切割板

## 材料

三夾板
（厚3mm）
160mm
260mm

木板
30mm
150mm
250mm
10mm

樹脂
ボンド

竹籤（粗）

麥克筆

白色
水性油漆

鉛筆

瓦楞紙

魚糕板或
小板子 6塊

橡皮筋 1條

彈珠10顆

鐵絲

圓棒
（直徑1cm、
長6cm）

鐵釘 100根
（15～20mm）

鋁罐 1個

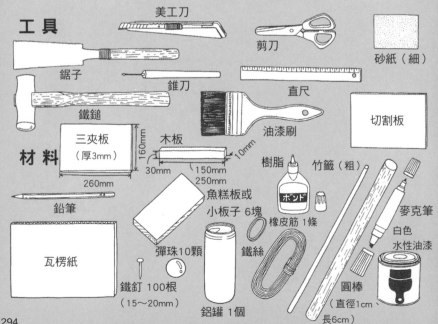

# 作 法

① 木板鋸成圖中說明的長度，與三夾板
　組合成一個箱子。

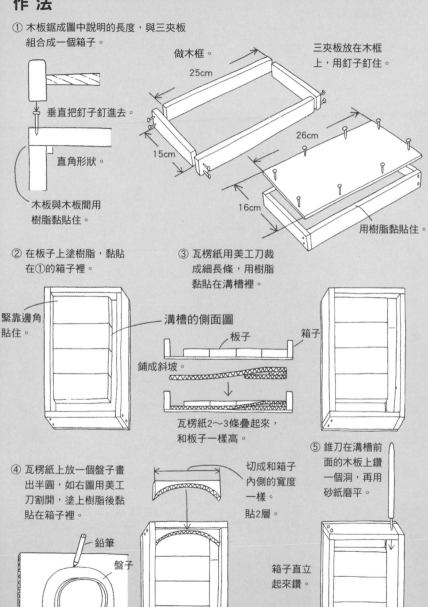

做木框。

25cm

三夾板放在木框
上，用釘子釘住。

垂直把釘子釘進去。

直角形狀。

木板與木板間用
樹脂黏貼住。

15cm

26cm

16cm

用樹脂黏貼住。

② 在板子上塗樹脂，黏貼
　在①的箱子裡。

③ 瓦楞紙用美工刀裁
　成細長條，用樹脂
　黏貼在溝槽裡。

緊靠邊角
貼住。

溝槽的側面圖

板子

箱子

鋪成斜坡。

瓦楞紙2～3條疊起來，
和板子一樣高。

④ 瓦楞紙上放一個盤子畫
　出半圓，如右圖用美工
　刀割開，塗上樹脂後黏
　貼在箱子裡。

鉛筆

盤子

切成和箱子
內側的寬度
一樣。

貼2層。

⑤ 錐刀在溝槽前
　面的木板上鑽
　一個洞，再用
　砂紙磨平。

箱子直立
起來鑽。

⑥ 把箱子從裡到外塗上白色的油漆，
  放在遮陰處晾乾。

⑦ 油漆乾了以後，用麥克筆在上面畫
  一些圖案。

⑧ 在板子上釘釘子。做3～4個彈珠
  得分洞。

⑨ 用錐刀在圓棒上鑽洞，樹脂注入洞
  裡把竹籤插進去。

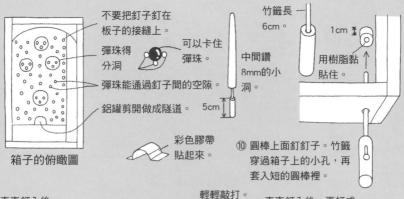

不要把釘子釘在
板子的接縫上。

可以卡住
彈珠。

彈珠得
分洞。

彈珠能通過釘子間的空隙。

鋁罐剪開做成隧道。

5cm

箱子的俯瞰圖

彩色膠帶
貼起來。

竹籤長
6cm。

1cm

用樹脂黏
貼住。

中間鑽
8mm的小
洞。

⑩ 圓棒上面釘釘子。竹籤
  穿過箱子上的小孔，再
  套入短的圓棒裡。

直直釘入後，
再打成彎曲的
形狀。

輕輕敲打。

直直釘入後，再打成
彎曲的形狀。

約1cm的距離。

⑪ 箱子外側釘釘子，橡皮筋
  繞2圈勾在釘子上。

## 玩法

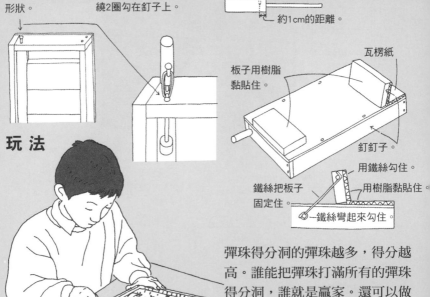

瓦楞紙

板子用樹脂
黏貼住。

釘釘子。

用鐵絲勾住。

鐵絲把板子
固定住。

用樹脂黏貼住。

鐵絲彎起來勾住。

彈珠得分洞的彈珠越多，得分越
高。誰能把彈珠打滿所有的彈珠
得分洞，誰就是贏家。還可以做
一個更大的彈珠台來玩玩看喔！

# 鉗子・開罐器

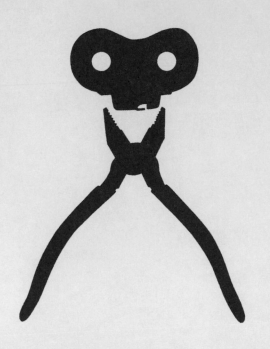

# 鉗子・開罐器的種類

鉗子是用來夾斷、彎曲鐵絲的工具。
開罐器是用來打開罐頭、瓶蓋的工具。

　　用鋼絲鉗來夾斷或彎曲粗鐵絲非常方便。尖嘴鉗的鉗口尖細，很適合操作較小的物件。開罐器，有可隨身攜帶的袖珍型，不費力氣的省力型，以及多功能的便利型，種類非常多。

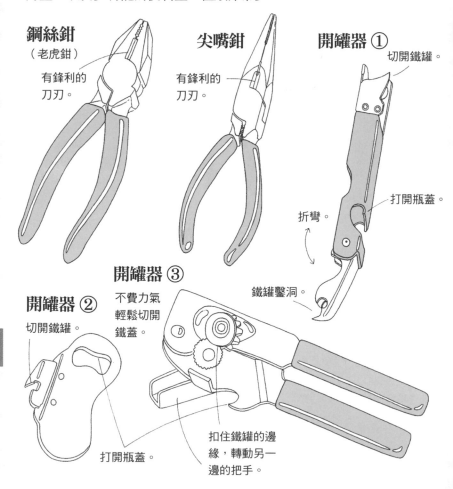

### 鋼絲鉗
（老虎鉗）

有鋒利的
刀刃。

### 尖嘴鉗

有鋒利的
刀刃。

### 開罐器 ①

切開鐵罐。

折彎。

打開瓶蓋。

鐵罐鑿洞。

### 開罐器 ③

不費力氣
輕鬆切開
鐵蓋。

### 開罐器 ②

切開鐵罐。

打開瓶蓋。

扣住鐵罐的邊
緣，轉動另一
邊的把手。

# 鉗子・開罐器的使用方法

用尖嘴鉗夾斷1mm粗的鐵絲，需費點力氣。把鐵絲彎成自己想要的形狀，其實並不容易。用開罐器開罐頭，光靠力氣也不一定打得開。無論是鉗子或開罐器，只要多用幾次，一旦熟練就不那麼困難了。

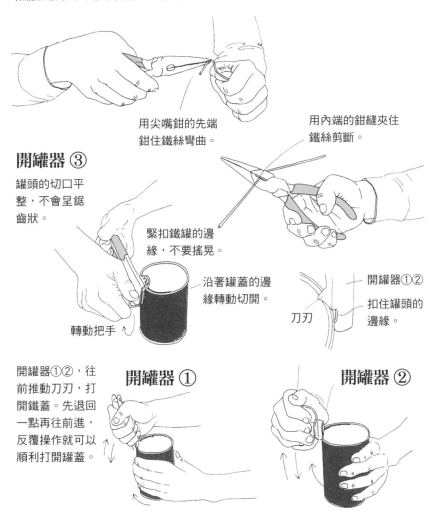

用尖嘴鉗的先端鉗住鐵絲彎曲。

用內端的鉗縫夾住鐵絲剪斷。

## 開罐器 ③

罐頭的切口平整，不會呈鋸齒狀。

緊扣鐵罐的邊緣，不要搖晃。

沿著罐蓋的邊緣轉動切開。

轉動把手

開罐器①②

扣住罐頭的邊緣。

刀刃

開罐器①②，往前推動刀刃，打開鐵蓋。先退回一點再往前進，反覆操作就可以順利打開罐蓋。

## 開罐器 ①

## 開罐器 ②

# Ⓐ 蛇蛋

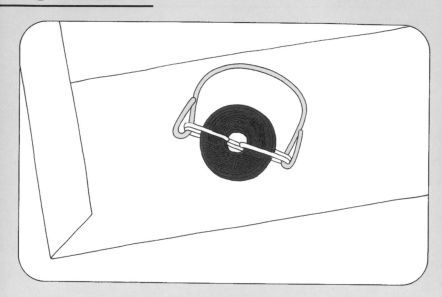

## 工具

尖嘴鉗

## 材料

彩色鐵絲 18號

有孔硬幣 1枚
（可用遊樂場代幣、鐵
片圈或鈕扣鑽洞代替）

橡皮筋1條

信封袋 1個

300

# 作 法

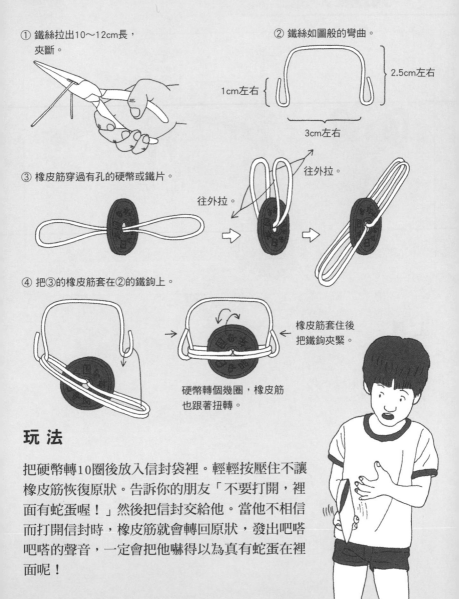

① 鐵絲拉出10～12cm長，
   夾斷。

② 鐵絲如圖般的彎曲。

2.5cm左右

1cm左右

3cm左右

③ 橡皮筋穿過有孔的硬幣或鐵片。

往外拉。

往外拉。

④ 把③的橡皮筋套在②的鐵鉤上。

橡皮筋套住後
把鐵鉤夾緊。

硬幣轉個幾圈，橡皮筋
也跟著扭轉。

# 玩 法

把硬幣轉10圈後放入信封袋裡。輕輕按壓住不讓
橡皮筋恢復原狀。告訴你的朋友「不要打開，裡
面有蛇蛋喔！」然後把信封交給他。當他不相信
而打開信封時，橡皮筋就會轉回原狀，發出吧嗒
吧嗒的聲音，一定會把他嚇得以為真有蛇蛋在裡
面呢！

# Ⓐ 搖擺妖怪

## 工 具

剪刀

尖嘴鉗

鐵鎚

透明膠帶

鐵釘
（長3～5cm）

畫筆

## 材 料

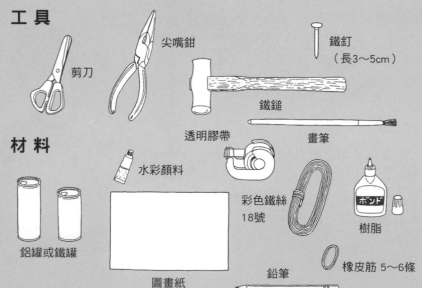

水彩顏料

鋁罐或鐵罐

圖畫紙

彩色鐵絲
18號

樹脂

鉛筆

橡皮筋 5～6條

# 作 法

① 罐子底部的中心用鐵釘打
　個洞。

② 剪一段比罐子長的鐵絲，穿出罐
　底的洞口，彎成鉤子的形狀。

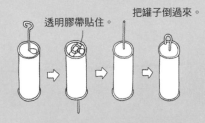

透明膠帶貼住。

把罐子倒過來。

③ 在圖畫紙上量出罐子的長度，用鉛
　筆做上記號。

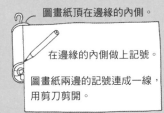

圖畫紙頂在邊緣的內側。

在邊緣的內側做上記號。

圖畫紙兩邊的記號連成一線，
用剪刀剪開。

④ 把③的圖畫紙塗上
　樹脂後捲貼罐子。

圖畫紙留下1～2cm
重疊的部位，其餘
的用剪刀剪掉。

剪開。

⑤ 在圖畫紙上畫出妖怪各部位後剪下，
　塗上樹脂黏貼在罐上。

⑥ 樹脂乾透後，用水彩顏料畫出妖怪的
　模樣。

橡皮筋的連接
方法

# 玩 法

把橡皮筋掛在頭頂的鉤子上，
妖怪就會搖搖擺擺的垂在下面。
再把罐子往下一拉，妖怪可就
晃蕩晃蕩的更厲害了！

# Ⓐ 平衡桿

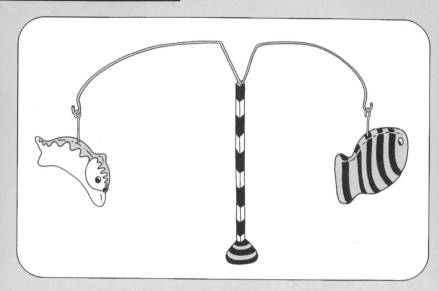

## 工 具

尖嘴鉗

## 材 料

彩色鐵絲
18號、16號

紙黏土

免洗筷 1根

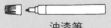

油漆筆

# 作 法

① 免洗筷插在紙黏土做成的柱
台上。紙黏土乾透以後，用
油漆筆塗上顏色。

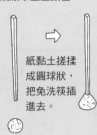

紙黏土搓揉
成圓球狀，
把免洗筷插
進去。

紙黏土捏
成小山的
形狀，並
把底部壓
平，讓免
洗筷子穩固
的站立。

② 把細的鐵絲剪2
條10cm長，粗
的鐵絲剪1條30
～40cm長。彎
曲成如下圖。

細的鐵絲
粗的鐵絲

三角形的凹處

長　　短

③ 紙黏土捏出貓和魚的
形狀。魚比貓稍微大
一些。還沒乾之前就
把②的鐵絲穿過紙黏
土的中央。

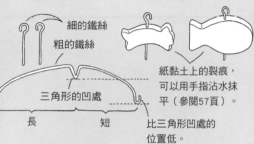

紙黏土上的裂痕，
可以用手指沾水抹
平（參閱57頁）。

比三角形凹處的
位置低。

④ 等③的紙黏土乾透以後，
用油漆筆上色，再把底部
的鐵絲彎起來。

彎曲。

⑤ 在②的粗鐵絲兩端掛上
④的貓、魚，輕放在①
的柱頂。

大的掛在
鐵絲較短
的一邊。

小的掛在鐵絲
較長的一邊。

可以彎曲鐵絲
讓兩邊平衡。

# 玩 法

可以做其他形狀的東西來玩這個
平衡桿的遊戲喔！也可以放在手
指或鉛筆上，看看你是不是也能
讓它保持平衡呢？

# Ⓐ 空中纜車

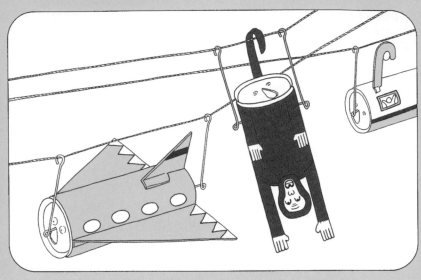

## 工具

剪刀

尖嘴鉗

鐵釘
（長3～5cm）

鐵鎚

## 材料

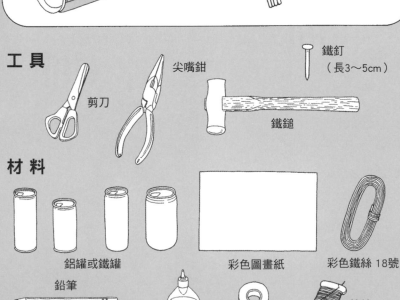

鋁罐或鐵罐

彩色圖畫紙

彩色鐵絲 18號

鉛筆

麥克筆

樹脂

彩色膠帶

棉線

# 作法

① 罐子底部的中心用鐵釘打個洞。

鐵釘敲的洞，是可以穿入鐵絲的。

② 在圖畫紙上量出罐子的長度，用鉛筆做上記號。

圖畫紙兩邊做記號畫線，用剪刀剪開。

③ 圖畫紙繞罐子一圈，留下1～2cm重疊的部位，其餘的用剪刀剪掉。

把1～2cm的黏合部位，用樹脂黏住。

黏合部位

④ 在圖畫紙上畫飛機翅膀，剪下，用麥克筆畫圖。

折彎。

剪開

用麥克筆或彩色膠帶做出噴射機的模樣。

罐口朝下。

塗膠

⑤ 將④的塗膠部位折彎，用樹脂黏貼在③的罐子上。

# 玩法

把噴射機罐子掛在棉線上，讓它從高高的地方往下滑喔！

⑥ 剪一段比罐子長的鐵絲，如圖彎曲。

鐵絲穿過鐵釘敲的洞。

掛在棉線上。

扭一個小圈。

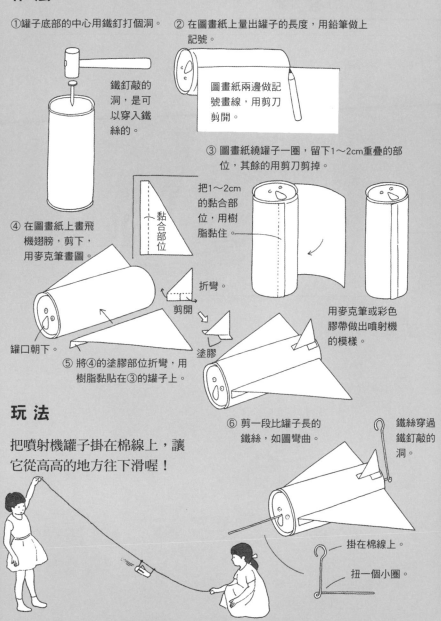

# Ⓑ鐵絲陀螺

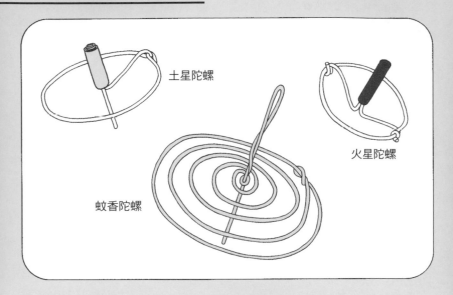

土星陀螺

火星陀螺

蚊香陀螺

## 工具

剪刀

尖嘴鉗

## 材料

彩色鐵絲 18號

彩色膠帶

# 作法

① 用尖嘴鉗把鐵絲剪斷。

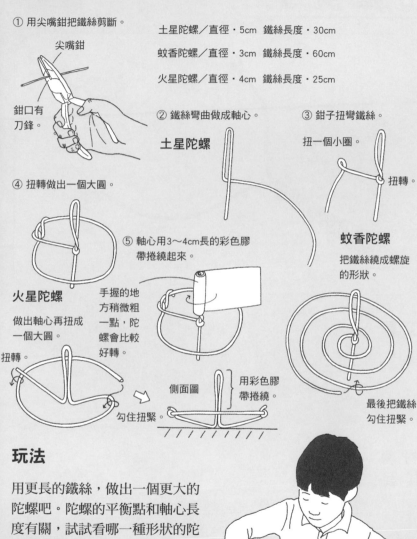

尖嘴鉗

鉗口有刀鋒。

土星陀螺／直徑・5cm 鐵絲長度・30cm

蚊香陀螺／直徑・3cm 鐵絲長度・60cm

火星陀螺／直徑・4cm 鐵絲長度・25cm

② 鐵絲彎曲做成軸心。

**土星陀螺**

③ 鉗子扭彎鐵絲。

扭一個小圈。

扭轉。

④ 扭轉做出一個大圓。

⑤ 軸心用3～4cm長的彩色膠帶捲繞起來。

**蚊香陀螺**

把鐵絲繞成螺旋的形狀。

**火星陀螺**

做出軸心再扭成一個大圓。

扭轉。

手握的地方稍微粗一點，陀螺會比較好轉。

勾住扭緊。

側面圖

用彩色膠帶捲繞。

最後把鐵絲勾住扭緊。

# 玩法

用更長的鐵絲，做出一個更大的陀螺吧。陀螺的平衡點和軸心長度有關，試試看哪一種形狀的陀螺最會旋轉。

# Ⓑ 彈弓

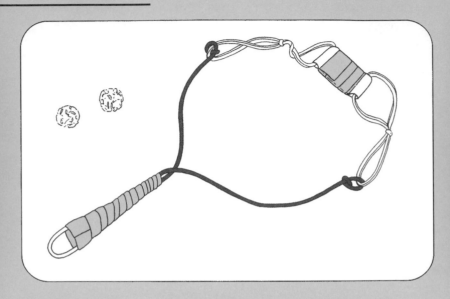

## 工具

剪刀

尖嘴鉗

## 材料

彩色鐵絲 16 號

彩色膠帶

透明膠帶

報紙或廣告單

橡皮筋 4條

圖畫紙

310

## 作 法

① 用鉗子剪一條30～40cm的鐵絲。
　　如圖的形狀彎曲。

② 橡皮筋連接起來。

③ 橡皮筋扣在圖畫紙
　　上做成連結帶。

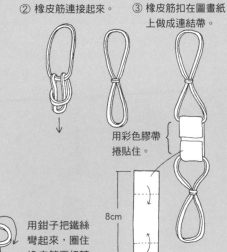

用彩色膠帶
捲貼住。

8cm

2cm

④ 把③的橡皮筋圈在①的鐵絲架上。

用鉗子把鐵絲
彎起來，圈住
橡皮筋再扭轉
勾住。

彩色膠帶

⑤ 把手用彩色膠帶繞
　　幾圈貼起來。

⑥ 報紙搓成小球狀，
　　再用透明膠帶捲貼
　　起來。

**玩 法** 做一個靶子。瞄準
　　　　　目標後，把小球彈
　　　　　射出去。

# Ⓑ 風動雕塑

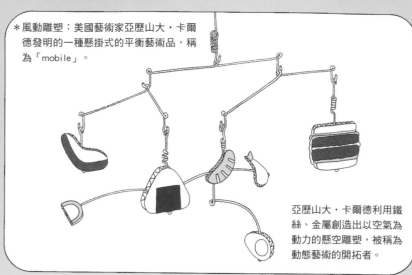

*風動雕塑：美國藝術家亞歷山大・卡爾
　德發明的一種懸掛式的平衡藝術品，稱
　為「mobile」。

亞歷山大・卡爾德利用鐵
絲、金屬創造出以空氣為
動力的懸空雕塑，被稱為
動態藝術的開拓者。

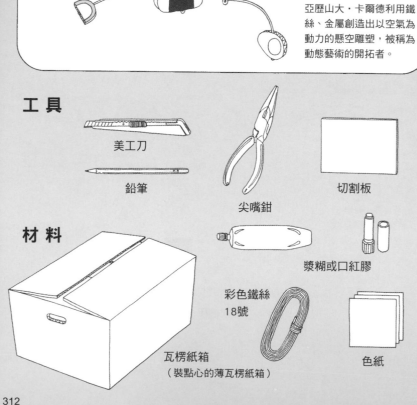

## 工具

美工刀

鉛筆

尖嘴鉗

切割板

## 材料

漿糊或口紅膠

彩色鐵絲
18號

瓦楞紙箱
（裝點心的薄瓦楞紙箱）

色紙

# 作法

① 瓦楞紙箱的↓處用美工刀割開。

從直角的地方向下割開。

美工刀刀片伸出5cm長，
像鋸子一樣慢慢割開。

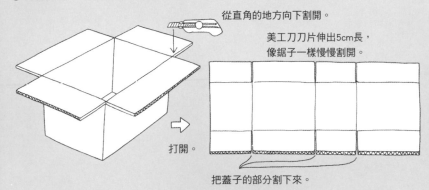

打開。

把蓋子的部分割下來。

② 用鉛筆在瓦楞紙上畫各種圖案。

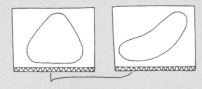

每一片瓦楞紙的溝槽都呈
直向，畫上圖案。

畫什麼圖案隨自己喜歡決定。
例如：主題是「便當」，就畫出便當裡常
見的魚、蛋、飯糰等食物。圖案比實際的
物體稍微小一點就可以了。

③ 美工刀割下來。

從中間切除有弧度的圖案比較困難。可
以先用直線的方式割掉大部分不要的區
塊，再用小塊切割的方式修飾弧形（美
工刀的使用方法參閱143頁）。

④ 把色紙用樹脂貼在③的瓦楞紙
飯糰上。

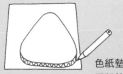

色紙墊在瓦楞紙飯糰下，
用鉛筆描出形狀後，剪下
來貼在飯糰上。兩面都要
貼色紙。

反面塗膠，使用口
紅膠紙張比較不會
起皺褶。

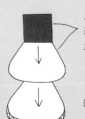

另一面也要貼。

⑤ 用鉗子把鐵絲剪成各種長度。

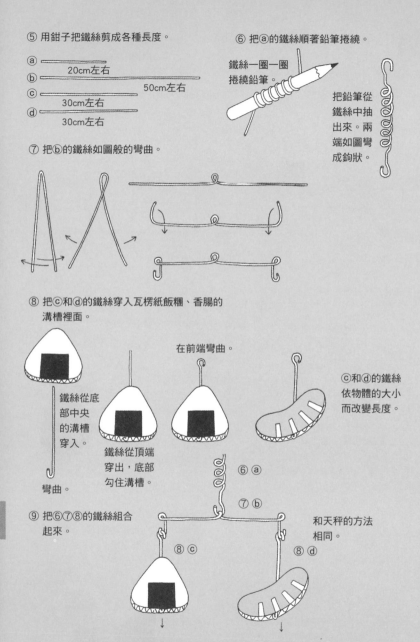

ⓐ _____ 20cm左右
ⓑ _____ 50cm左右
ⓒ _____ 30cm左右
ⓓ _____ 30cm左右

⑥ 把ⓐ的鐵絲順著鉛筆捲繞。

鐵絲一圈一圈
捲繞鉛筆。

把鉛筆從
鐵絲中抽
出來。兩
端如圖彎
成鉤狀。

⑦ 把ⓑ的鐵絲如圖般的彎曲。

⑧ 把ⓒ和ⓓ的鐵絲穿入瓦楞紙飯糰、香腸的
溝槽裡面。

在前端彎曲。

ⓒ和ⓓ的鐵絲
依物體的大小
而改變長度。

鐵絲從底
部中央
的溝槽
穿入。

鐵絲從頂端
穿出，底部
勾住溝槽。

彎曲。

⑨ 把⑥⑦⑧的鐵絲組合
起來。

⑥ⓐ

⑦ⓑ

⑧ⓒ

⑧ⓓ

和天秤的方法
相同。

手拿著ⓐ的頂端，如果飯糰和香腸一樣重，那ⓑ就不會傾斜囉。

314

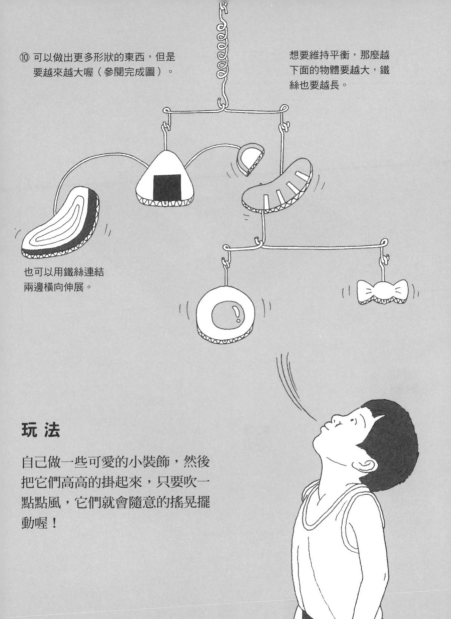

⑩ 可以做出更多形狀的東西，但是
要越來越大喔（參閱完成圖）。

想要維持平衡，那麼越
下面的物體要越大，鐵
絲也要越長。

也可以用鐵絲連結
兩邊橫向伸展。

## 玩 法

自己做一些可愛的小裝飾，然後
把它們高高的掛起來，只要吹一
點點風，它們就會隨意的搖晃擺
動喔！

# Ⓑ 仙人掌套圈

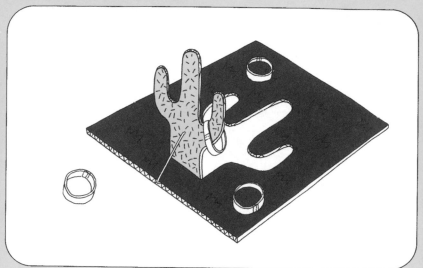

## 工 具

美工刀

尖嘴鉗

錐子

切割板

## 材 料

瓦楞紙

40cm～50cm

彩色鐵絲 18號

色紙

彩色膠帶

── 30cm～40cm ──

鉛筆

透明膠帶

角材 （方形木條 寬1cm、長 40～50cm

麥克筆

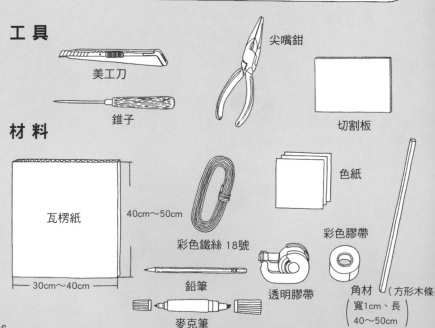

# 作 法

① 瓦楞紙上畫出仙人掌的圖形。

色紙套圈能穿過的大小。

溝槽呈直向。

② 美工刀沿著輪廓切割開，再用麥克筆著色。

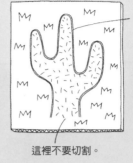

瓦楞紙的厚度比較難一次切開，要反覆慢慢的切割。

這裡不要切割。

③ 把仙人掌折立起來，上面鑽一個洞。

折彎。

④ 鐵絲穿過小洞，把仙人掌勾住固定。

側面圖

仙人掌

鐵絲

彎曲

插入溝槽內。

# 玩 法

也可以做其他的圖形來玩套圈遊戲。

⑤ 做有彎鉤的棒子。

角材

把圓形套圈勾起來。

鐵絲彎曲。

彩色膠帶捲繞貼住。

⑥ 色紙折成紙圈圈。

一點點重疊

透明膠帶黏貼住。

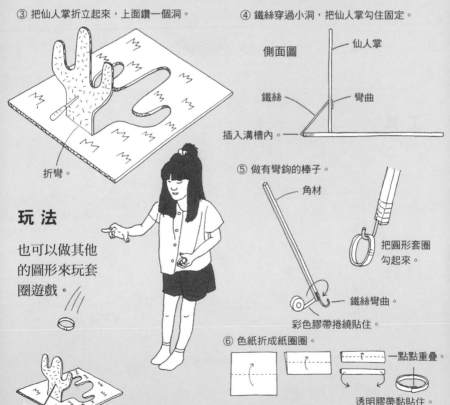

# Ⓑ 飛天特技‧蹺蹺板

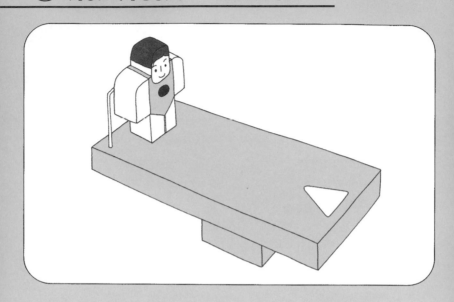

## 工 具

鋸子

錐刀

尖嘴鉗

砂紙（細）

## 材 料

魚糕板或小板子 2塊

彩色鐵絲 18號

樹脂

麥克筆

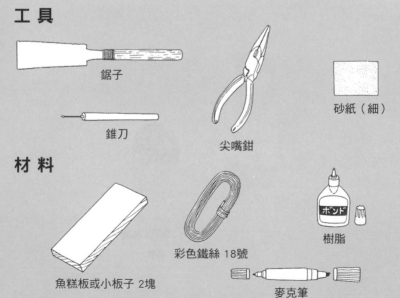

# 作法

① 1塊板子劃分成4等分,用鋸子鋸開。

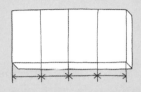

② 用錐刀在另一塊板子上鑽2個洞。

（錐刀使用方法參閱269頁）

鑽2個洞。不要太靠近板子的邊緣,以免裂開。

錐刀呈直角鑽孔,深度為板子一半厚。鑽孔用砂紙磨光。

③ 把①的1塊小板子用砂紙磨平,塗上樹脂黏貼在②的板子上。

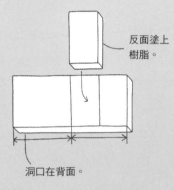

反面塗上樹脂。

洞口在背面。

④ 剪12～13cm長的鐵絲,彎成ㄇ字形插入②的洞內。

洞口比鐵絲大時,鐵絲先用透明膠帶捲貼再插入。

用麥克筆著色。

⑤ 把①剩下的3塊小板子做成人偶。

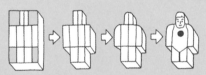

把綠色的部分鋸掉。

方角用砂紙磨圓。

麥克筆畫出圖案。

# 玩法

把幾塊木板疊起來,讓人偶飛越高高的圍牆。

## 人偶飛天的方法

用手大力敲拍此處。

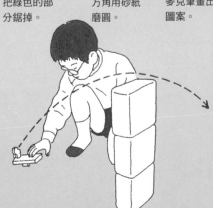

# Ⓑ 旋轉飛機

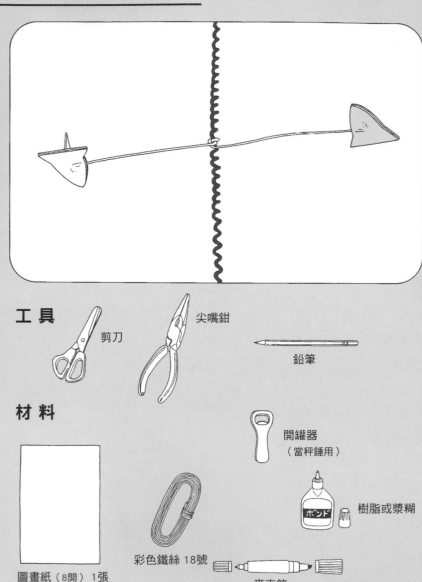

## 工 具

剪刀

尖嘴鉗

鉛筆

## 材 料

圖畫紙（8開）1張
或厚紙板

開罐器
（當秤錘用）

彩色鐵絲 18號

樹脂或漿糊

麥克筆

# 作 法

① 圖畫紙上畫飛機的輪廓，用剪刀剪下。

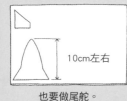

10cm左右

也要做尾舵。

② 描出三架同樣的飛機，剪下來。

③ 用鉗子剪2條不同長度的鐵絲。

ⓐ ———————————————
  30～50cm左右

ⓑ ———————————————————————
  50cm～1m左右

④ 把ⓐ鐵絲如圖般的彎曲。

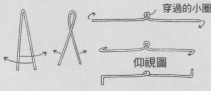

扭轉出鐵絲可以
穿過的小圈。

仰視圖

⑤ 把ⓑ鐵絲捲繞鉛
筆彎曲。

鉛筆抽出後把
鐵絲拉長。
兩端如圖彎成
鉤狀。

⑥ 飛機貼在ⓐ鐵絲的兩端。

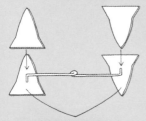

把鐵絲包在
兩片飛機的
中間。

用樹脂黏貼住。

用麥克筆著色。

⑦ 加上尾舵。

折彎。

剪刀剪開。

用樹脂黏貼
在機尾。

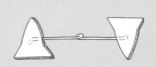

## 玩法

把螺旋鐵絲穿入飛機架上的
小圈，飛機會因為重量而不
停向下旋轉降落。

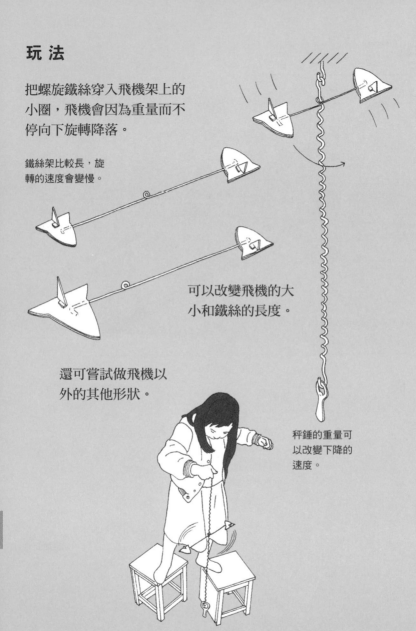

鐵絲架比較長，旋
轉的速度會變慢。

可以改變飛機的大
小和鐵絲的長度。

還可嘗試做飛機以
外的其他形狀。

秤錘的重量可
以改變下降的
速度。

可以用手抓著讓飛機旋轉，還可以
高掛在屋內當裝飾品呢。

# Ⓑ 彈珠滑台

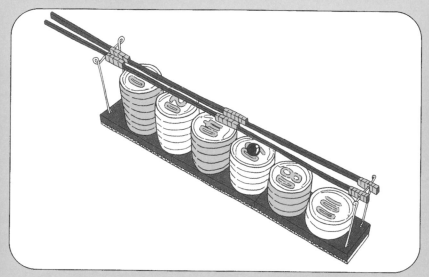

## 工 具

剪刀

尖嘴鉗

美工刀

錐刀

切割板

手套

## 材 料

鋁罐 6個

魚糕板或小板子 3塊

瓦楞紙
（瓦楞紙箱裁成）

樹脂

免洗筷 3雙

彩色膠帶

鐵絲 18號

彈珠
（中型）

鉛筆

麥克筆

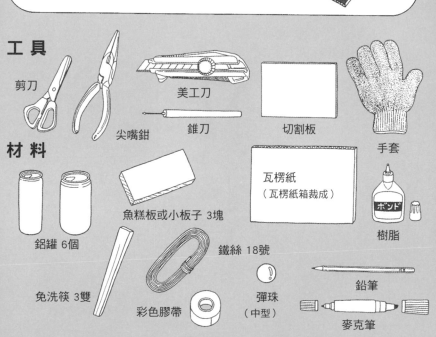

# 作 法

① 鋁罐踩扁後剪成二半。

② 戴上手套，將切口扳回原狀。

③ 其中一半等距剪出3～4cm的切片，再與另一半重疊。

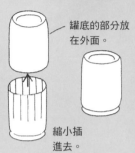

罐底的部分放在外面。

縮小插進去。

④ 用③的作法做出6個高低不同的鋁罐，再用彩色膠帶捲貼。

⑤ 瓦楞紙割開，用樹脂黏貼在罐底。

2塊重疊。

黏貼罐口那一面。

顛倒過來罐底朝上。

瓦楞紙

⑥ 用錐刀在板子上鑽2個洞。

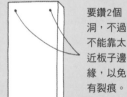

要鑽2個洞，不過不能靠太近板子邊緣，以免有裂痕。

錐刀呈直角鑽孔，深度為板子的一半厚。鑽孔部分用砂紙磨光。

⑦ 剪25cm和30cm長的鐵絲，如圖彎曲。

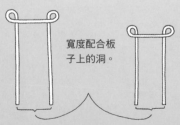

寬度配合板子上的洞。

⑧ 彎曲的鐵絲，插入板子上的洞內。

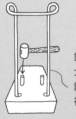

錐刀鑽的洞會比鐵絲大，要再剪2～3cm的鐵絲，用鎚子敲到洞裡面填滿。

⑨ 把3塊板子接起來，用美工刀割下與它大小相同的瓦楞紙，兩者用樹脂黏貼住。

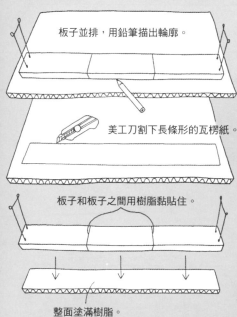

板子並排，用鉛筆描出輪廓。

美工刀割下長條形的瓦楞紙。

板子和板子之間用樹脂黏貼住。

整面塗滿樹脂。

⑩ 6個罐子用樹脂黏貼在長板子上。

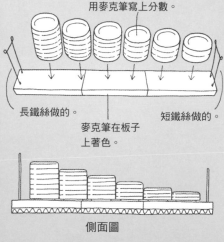

用麥克筆寫上分數。

長鐵絲做的。　　　　　短鐵絲做的。

麥克筆在板子上著色。

側面圖

⑪ 免洗筷做成2根長棒。

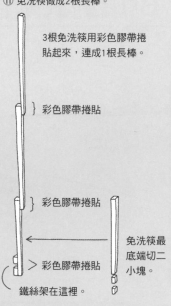

3根免洗筷用彩色膠帶捲貼起來，連成1根長棒。

} 彩色膠帶捲貼

} 彩色膠帶捲貼

> 彩色膠帶捲貼

鐵絲架在這裡。

免洗筷最底端切二小塊。

## 玩法

把彈珠放在免洗筷連成的2根長棒中間，往下滾動，棒子一打開彈珠就會掉到罐子裡。
猜猜彈珠會掉在幾分的罐子上？
比比看誰的分數最高。

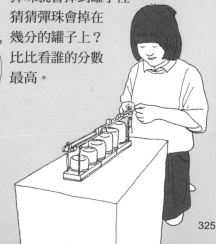

# Ⓑ 噴射式飛機

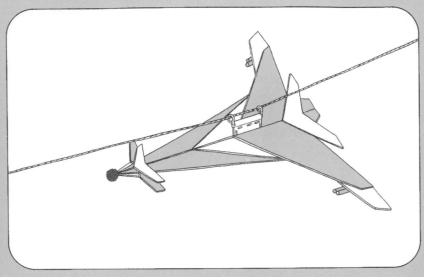

## 工 具

剪刀

尖嘴鉗

釘書機

畫筆

## 材 料

圖畫紙（8開）2張

棉線

免洗筷
1根

吸管

油性黏土

彩色鐵絲 18號

水彩顏料

樹脂

ボンド

透明膠帶

# 作 法

① 圖畫紙折成紙飛機。

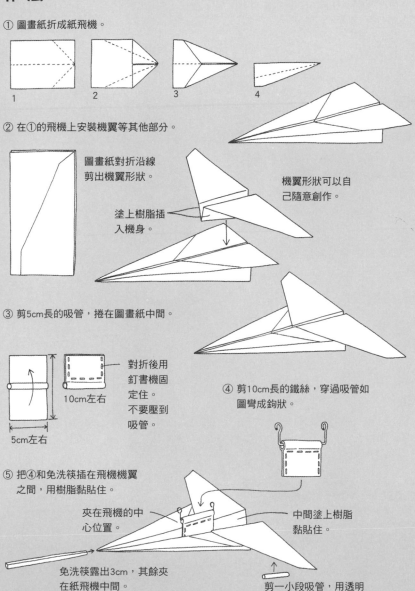

1　　　2　　　3　　　4

② 在①的飛機上安裝機翼等其他部分。

圖畫紙對折沿線
剪出機翼形狀。

機翼形狀可以自
己隨意創作。

塗上樹脂插
入機身。

③ 剪5cm長的吸管，捲在圖畫紙中間。

對折後用
釘書機固
定住。
不要壓到
吸管。

10cm左右

5cm左右

④ 剪10cm長的鐵絲，穿過吸管如
　圖彎成鉤狀。

⑤ 把④和免洗筷插在飛機機翼
　之間，用樹脂黏貼住。

夾在飛機的中
心位置。

中間塗上樹脂
黏貼住。

免洗筷露出3cm，其餘夾
在紙飛機中間。

剪一小段吸管，用透明
膠帶貼在機翼下面。

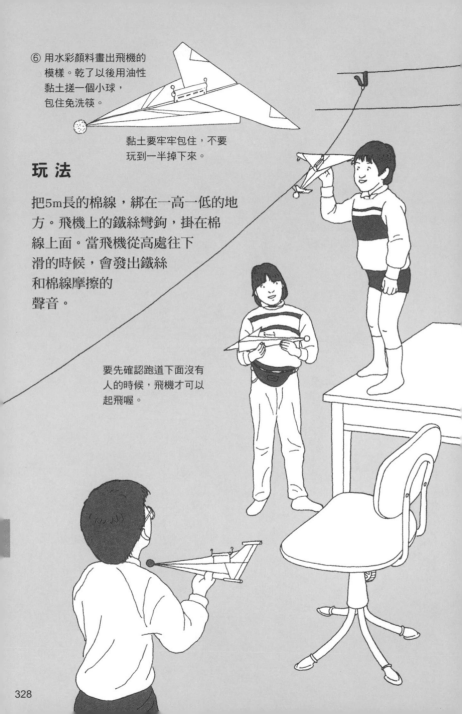

⑥ 用水彩顏料畫出飛機的
　模樣。乾了以後用油性
　黏土搓一個小球，
　包住免洗筷。

黏土要牢牢包住，不要
玩到一半掉下來。

## 玩 法

把5m長的棉線，綁在一高一低的地
方。飛機上的鐵絲彎鉤，掛在棉
線上面。當飛機從高處往下
滑的時候，會發出鐵絲
和棉線摩擦的
聲音。

要先確認跑道下面沒有
人的時候，飛機才可以
起飛喔。

# Ⓑ 賽車

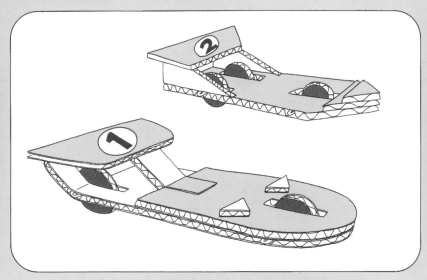

**工具**

美工刀

直尺

尖嘴鉗

空罐

切割板

**材料**

瓦楞紙
（瓦楞紙箱裁成）

樹脂

鐵絲 16號

鉛筆

麥克筆

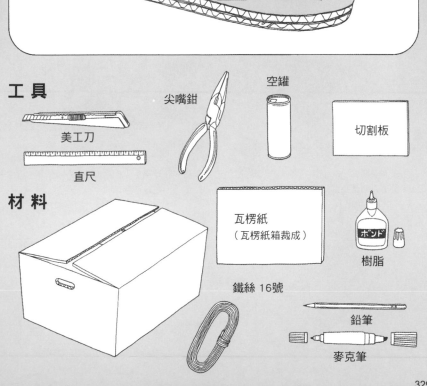

# 作 法

① 瓦楞紙直放，切成長的五角形。

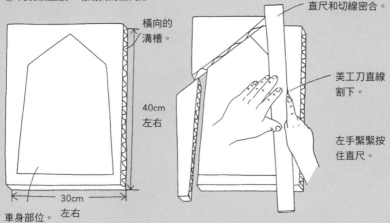

橫向的溝槽。

直尺和切線密合。

美工刀直線割下。

左手緊緊按住直尺。

40cm左右

30cm左右

車身部位。

② 空罐在瓦楞紙上畫一個圓形，用美工刀割下來。

③錐子在輪子的中心鑽洞。

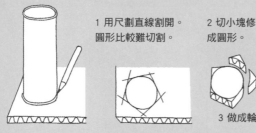

1 用尺劃直線割開。圓形比較難切割。

2 切小塊修成圓形。

3 做成輪子。

比較薄的瓦楞紙，可以2個輪子合在一起後再鑽洞。

④ 車身安裝輪子的位置，用美工刀割出長方形的洞。

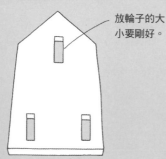

放輪子的大小要剛好。

⑤ 剪一段比車身寬5cm的鐵絲，從溝槽中穿過，把輪子串起來。

鐵絲穿過溝槽，再插入輪子中心的洞。

鐵絲穿出溝槽後用鉗子彎曲起來。

輪子

⑥把車身各部位的配件用樹脂黏貼住，再拿麥克筆塗色。

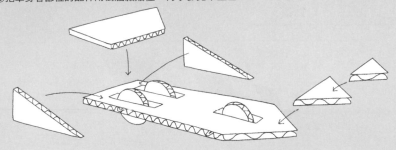

## 玩 法

把箱子架成一直線，做成
賽車跑道和跳台。
不論大小、外型，都可以
依自己的喜好創造出不同
凡響的賽車喔！

# Ⓑ 直升機

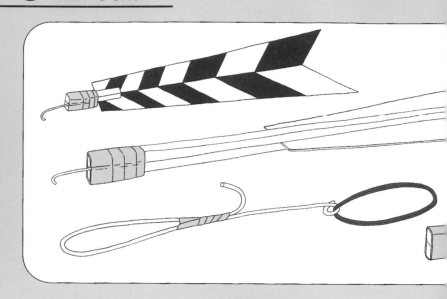

## 工 具

美工刀

小刀

尖嘴鉗

直尺

切割板

## 材 料

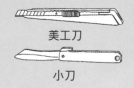

西卡紙或方格厚紙板

橡皮筋

免洗筷

透明膠帶

彩色鐵絲
16號、18號

樹脂

彩色膠帶

麥克筆

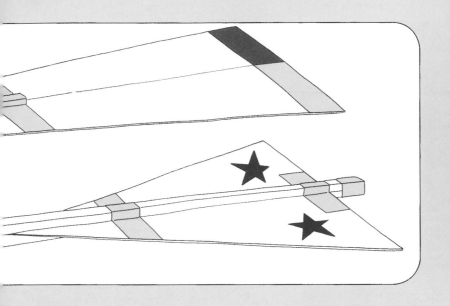

## 作 法

① 免洗筷用小刀劃出
刻痕折斷。

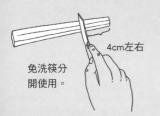

免洗筷分
開使用。

4cm左右

② 西卡紙做螺旋槳。

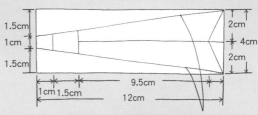

1.5cm
1cm
1.5cm

2cm
4cm
2cm

1cm 1.5cm
9.5cm
12cm

畫一個寬12cm、長4cm的長方形,再拉出斜線。

③ 用美工刀、直尺切割開來。

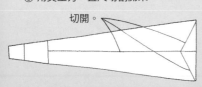

切開。

④ 把①的免洗筷插入螺旋槳裡。

免洗筷插入
的記號線。

1.5cm

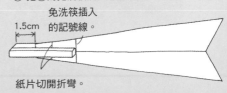

紙片切開折彎。

333

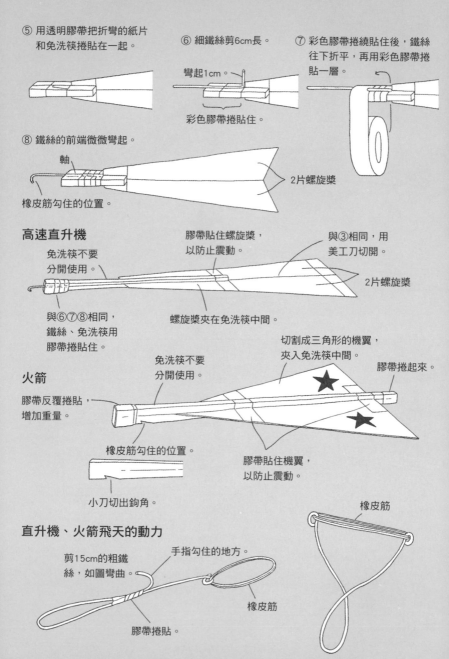

⑤ 用透明膠帶把折彎的紙片和免洗筷捲貼在一起。

⑥ 細鐵絲剪6cm長。

彎起1cm。

彩色膠帶捲貼住。

⑦ 彩色膠帶捲繞貼住後，鐵絲往下折平，再用彩色膠帶捲貼一層。

⑧ 鐵絲的前端微微彎起。

軸

橡皮筋勾住的位置。

2片螺旋槳

## 高速直升機

免洗筷不要分開使用。

膠帶貼住螺旋槳，以防止震動。

與③相同，用美工刀切開。

2片螺旋槳

與⑥⑦⑧相同，鐵絲、免洗筷用膠帶捲貼住。

螺旋槳夾在免洗筷中間。

## 火箭

膠帶反覆捲貼，增加重量。

免洗筷不要分開使用。

切割成三角形的機翼，夾入免洗筷中間。

膠帶捲起來。

橡皮筋勾住的位置。

膠帶貼住機翼，以防止震動。

小刀切出鉤角。

## 直升機、火箭飛天的動力

剪15cm的粗鐵絲，如圖彎曲。

手指勾住的地方。

橡皮筋

膠帶捲貼。

橡皮筋

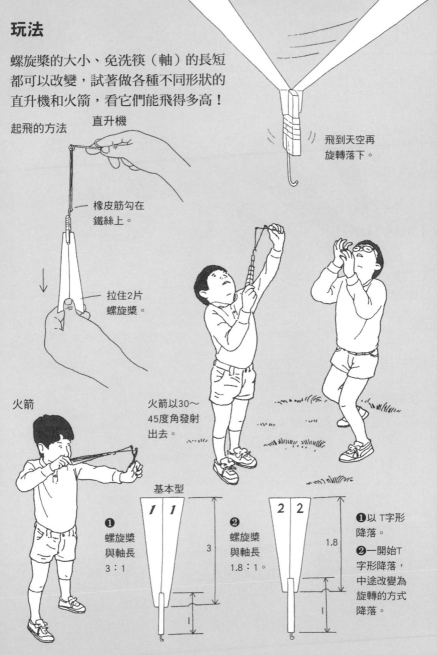

## 玩法

螺旋槳的大小、免洗筷（軸）的長短都可以改變，試著做各種不同形狀的直升機和火箭，看它們能飛得多高！

起飛的方法　直升機

飛到天空再旋轉落下。

橡皮筋勾在鐵絲上。

拉住2片螺旋槳。

火箭

火箭以30～45度角發射出去。

基本型

**1**　螺旋槳與軸長　3：1

**2**　螺旋槳與軸長　1.8：1。

3

1.8

1

**1** 以 T 字形降落。

**2** 一開始T字形降落，中途改變為旋轉的方式降落。

# Ⓑ 火箭車

## 工 具

剪刀

美工刀

直尺

尖嘴鉗

切割板

## 材 料

樹脂

瓦楞紙
（瓦楞紙箱裁成）

圖畫紙或厚紙板

彩色鐵絲 18號

橡皮筋 5～6條

彩色膠帶

# 作 法

① 在瓦楞紙上用鉛筆、直尺畫出
   火箭的形狀。

瓦楞紙和火箭
車的溝槽方向
要一致，鐵絲
才能穿過。

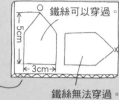

鐵絲可以穿過。

5cm

3cm

鐵絲無法穿過。

② 用美工刀把瓦楞紙上的圖案割下。

在切割板上
面切。

直尺對齊邊
線，再用美
工刀直線切
除不需要的
部分。

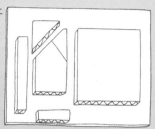

③ 同樣的做2片，
   用樹脂黏合。

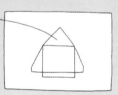

鉛筆先描出輪
廓，再用美工
刀切割。

對齊黏合。

④ 剪7～8cm長的鐵絲，如圖彎曲，插入火箭
   溝槽後再用彩色膠帶貼住。

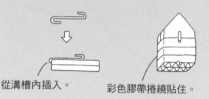

從溝槽內插入。

彩色膠帶捲繞貼住。

⑤ 圖畫紙上畫出機翼圖案，剪下來。

鉛筆描出火
箭的輪廓，
再畫出大小
適當的火箭
機翼。

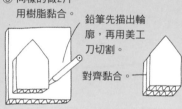

剪下後以麥克筆著色。

⑥ 用樹脂把火箭車的機翼黏貼上。

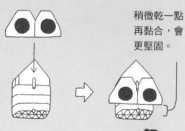

稍微乾一點
再黏合，會
更堅固。

# 玩 法

做各式各樣的火箭車，看看哪一種形狀
飛得最快、最遠。

## 火箭車的發射方法

把鐵絲勾住橡皮
筋往後拉，一鬆
手火箭車就會往
前衝出去。

## 橡皮筋的連結方法

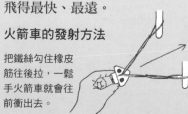

# Ⓑ 軟式風箏・捲線器

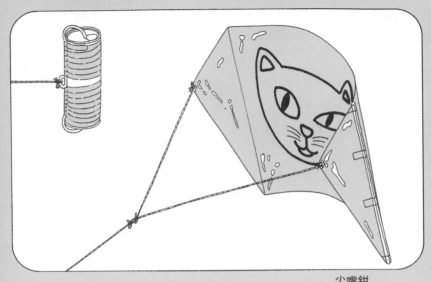

**工具**

直尺

錐子

小刀

剪刀

美工刀

尖嘴鉗

切割板
（三夾板）

鐵釘

砂紙

彩色膠帶

鐵鎚

**材料**

角材（方形木條）
（粗3mm、
長90cm）

棉線

牙籤

鐵罐

透明膠帶

方格厚紙板

鐵絲 18號

麥克筆

塑膠袋 1個
（大型透明塑膠袋，尺寸約
65×80cm，質地較厚的）

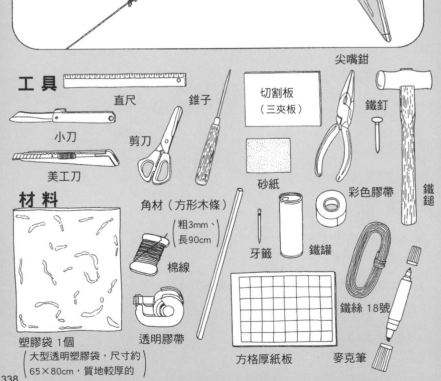

# 作 法

① 方格紙上畫出風箏的形狀。

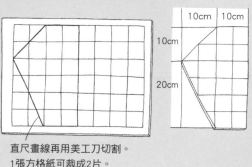

直尺畫線再用美工刀切割。
1張方格紙可裁成2片。

② 塑膠袋鋪上紙型，用
麥克筆畫出框線。

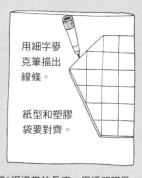

用細字麥
克筆描出
線條。

紙型和塑膠
袋要對齊。

③ 用剪刀或美工刀沿著輪廓線割下。

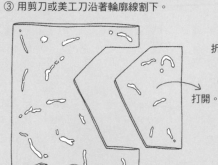

打開。

④ 角材折成2根適當的長度，用透明膠帶
平行貼在兩邊。

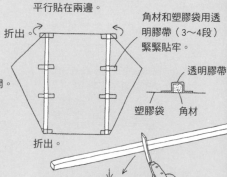

折出。

角材和塑膠袋用透
明膠帶（3～4段）
緊緊貼牢。

透明膠帶

塑膠袋　角材

折出。

⑤ 綁線的兩個角先包住牙籤，再用透明膠
帶貼住。

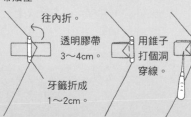

往內折。

透明膠帶
3～4cm。

牙籤折成
1～2cm。

用錐子
打個洞
穿線。

角材四邊
先劃線再
折斷，折
口用砂紙
磨平。

⑥ 用麥克筆在風箏上畫圖。

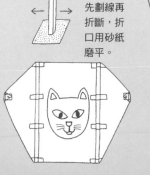

⑦ 剪1m長的棉線，穿過兩邊的小洞後打結。

⑧ 棉線對折，在中心打一個結。

打死結
（參閱175頁）

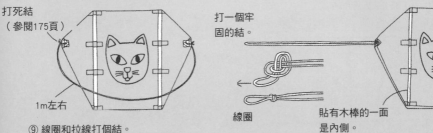

1m左右

打一個牢固的結。

線圈

貼有木棒的一面是內側。

⑨ 線圈和拉線打個結。

繞個圈圈。

← 把線拉緊

拉線

線圈

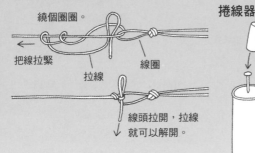

線頭拉開，拉線就可以解開。

## 捲線器

① 鐵釘在罐底打一個洞。

鐵絲能穿過的洞。

② 鐵絲穿洞從罐口繞出打結，形成圈狀。

打一個牢固的結。

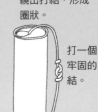

③ 鐵絲的結轉到罐子裡，再把外側的鐵絲中央轉個小圈。

利用鉗子轉一個小圈。

④ 鐵絲連同空罐一起用膠帶捲貼起來。

拉線打結用。

收起來的時候，要用膠帶把拉線的線頭貼住。

## 玩 法

河邊草原、沙灘和廣闊的空地，都是放風箏的好地方。只要戴上手套，就可以輕鬆捲線了。

← 風

距離10m左右。

# Ⓑ 火箭彈

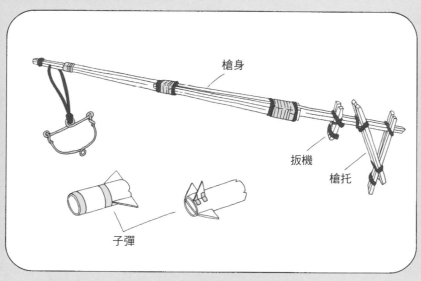

槍身

扳機

槍托

子彈

## 工具

小刀

尖嘴鉗

剪刀

## 材料

橡皮筋 2條

彩色膠帶

免洗筷 6雙

衛生紙捲筒

鐵絲 16號

厚紙板

# 作法

筷子槍參閱176頁。

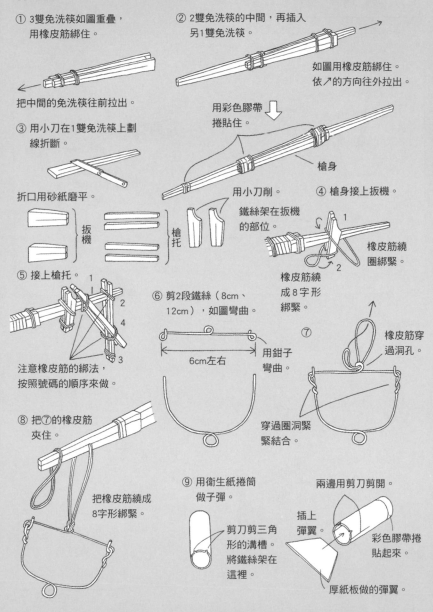

① 3雙免洗筷如圖重疊，用橡皮筋綁住。

把中間的免洗筷往前拉出。

② 2雙免洗筷的中間，再插入另1雙免洗筷。

如圖用橡皮筋綁住。依↗的方向往外拉出。

用彩色膠帶捲貼住。

③ 用小刀在1雙免洗筷上劃線折斷。

折口用砂紙磨平。

用小刀削。

槍身

鐵絲架在扳機的部位。

④ 槍身接上扳機。

扳機

槍托

橡皮筋繞圈綁緊。

⑤ 接上槍托。

橡皮筋繞成8字形綁緊。

注意橡皮筋的綁法，按照號碼的順序來做。

⑥ 剪2段鐵絲（8cm、12cm），如圖彎曲。

6cm左右

用鉗子彎曲。

⑦ 橡皮筋穿過洞孔。

穿過圈洞緊緊結合。

⑧ 把⑦的橡皮筋夾住。

把橡皮筋繞成8字形綁緊。

⑨ 用衛生紙捲筒做子彈。

剪刀剪三角形的溝槽。將鐵絲架在這裡。

兩邊用剪刀剪開。

插上彈翼。

彩色膠帶捲貼起來。

厚紙板做的彈翼。

# 玩法

子彈安裝方法

1 橡皮筋往後拉，把鐵絲環扣在扳機上。

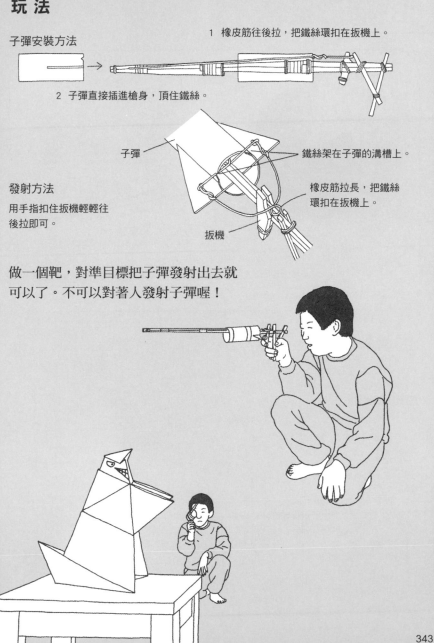

2 子彈直接插進槍身，頂住鐵絲。

子彈

鐵絲架在子彈的溝槽上。

發射方法

用手指扣住扳機輕輕往
後拉即可。

橡皮筋拉長，把鐵絲
環扣在扳機上。

扳機

做一個靶，對準目標把子彈發射出去就
可以了。不可以對著人發射子彈喔！

# Ⓑ 桶形風箏

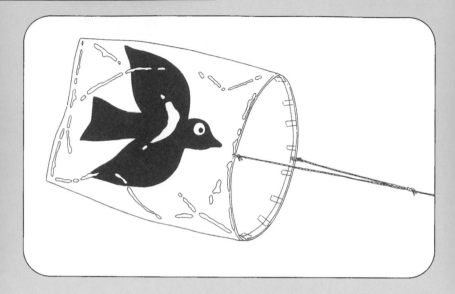

## 工 具

剪刀

尖嘴鉗

手套

## 材 料

彩色鐵絲 18號

棉線

透明膠帶

麥克筆

油漆筆

塑膠袋 1個

（大型透明或不透明塑膠袋，
尺寸約65×80cm）

# 作 法

① 剪一段比塑膠袋長2倍又多
   5cm的鐵絲。

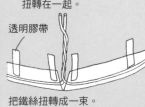

塑膠袋打開。

塑膠袋口

鐵絲

② 在塑膠袋口的一邊剪開
   1～2cm。

剪一邊即可。

③ 袋口往外折，把鐵絲
   包在塑膠袋裡面。

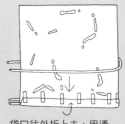

袋口往外折上去，用透
明膠帶貼住。剪2～3cm
長的透明膠帶，直向黏
貼住。

④ 鐵絲兩端多餘的部分
   扭轉在一起。

透明膠帶

把鐵絲扭轉成一束。

⑤ 塑膠袋翻過來。

透明膠帶翻
到內側。

⑥ 棉線（和鐵絲等長）
   在塑膠袋上打結。

打死結

塑膠袋打開，兩邊
鑽個小洞，棉線穿
過鐵絲打結。

用麥克筆、油漆
筆畫上圖案。

# 玩 法

風箏灌滿風以後，就會橫著飛起來。風力減弱
時，拉線可以縮短一點。到沙灘、空曠的地方
放風箏玩吧。
把塑膠袋加長還可以做成鯉魚旗喔！

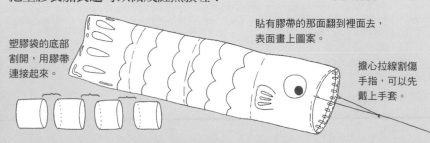

塑膠袋的底部
割開，用膠帶
連接起來。

貼有膠帶的那面翻到裡面去，
表面畫上圖案。

擔心拉線割傷
手指，可以先
戴上手套。

# Ⓑ 肺活量測量器

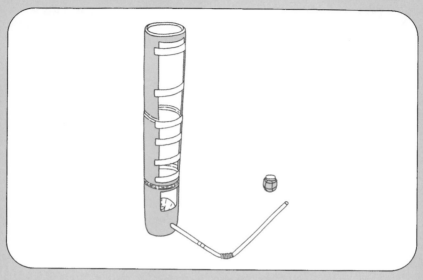

## 工具

剪刀

開罐器

錐子

手套

## 材料

麥克筆

圖畫紙

鋁罐 3個
（大小相同）

吸管 2根

細字彩色筆

圖釘

透明膠帶

彩色膠帶

保麗龍

# 作 法

① 把3個鋁罐的開口部分
用開罐器割掉。

② 如圖先在3個鋁罐上鑽出洞來，再剪出開口。

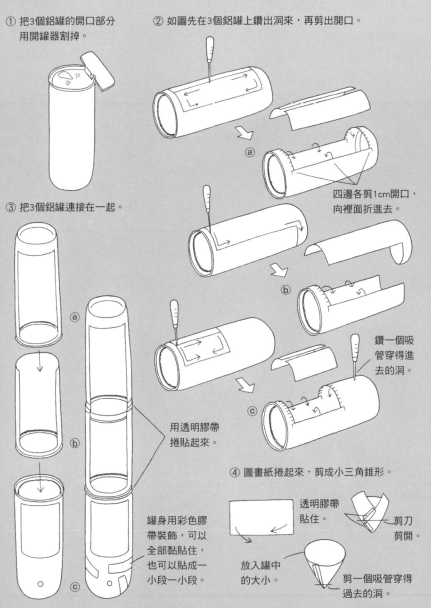

ⓐ

四邊各剪1cm開口，
向裡面折進去。

③ 把3個鋁罐連接在一起。

ⓑ

鑽一個吸管穿得進去的洞。

ⓒ

ⓐ

ⓑ

用透明膠帶捲貼起來。

④ 圖畫紙捲起來，剪成小三角錐形。

透明膠帶貼住。

剪刀剪開。

罐身用彩色膠帶裝飾，可以全部黏貼住，也可以貼成一小段一小段。

ⓒ

放入罐中的大小。

剪一個吸管穿得過去的洞。

⑤ 吸管前端2～3cm的位置，剪成傘狀，插入④的倒三角錐形中，打開用膠帶貼住。

3cm

分成6等分。

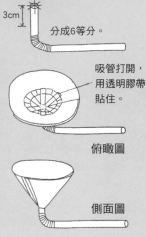

吸管打開，用透明膠帶貼住。

俯瞰圖

側面圖

## 玩 法

圖釘那面朝下，把小球放到罐子裡面。大口用力吹一口氣，看看小球會飄浮到那一層？

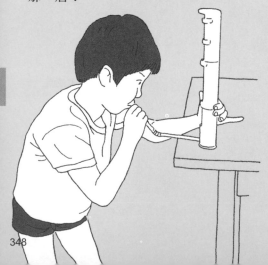

⑥ 把⑤插入罐子裡。

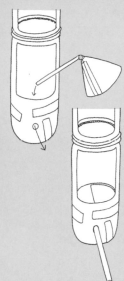

⑦ 圖畫紙剪成小長條，依自己的喜好寫上各種用語，貼在罐子上。

1cm左右的寬度

超強喔

紙條長一點，捲成圓弧形，用透明膠帶貼在罐子兩邊。

不錯耶

加油啊

太遜了

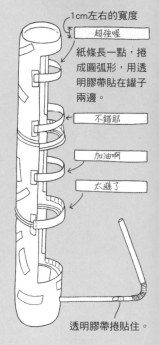

透明膠帶捲貼住。

⑧ 拿另1根吸管連接三角錐上的吸管。

⑨ 保麗龍的尖角切掉做成小球，底部釘上圖釘。

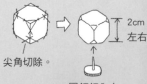

2cm左右

尖角切除。

圖釘釘入小球底部增加重量。

# Ⓑ 吹氣足球大賽

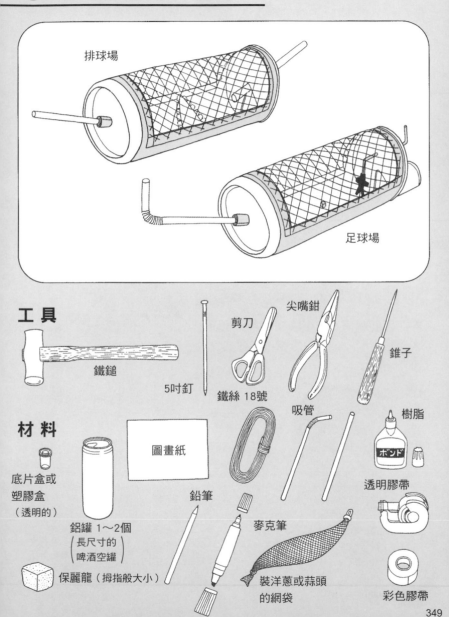

排球場

足球場

**工具**

鐵鎚

5吋釘

剪刀

鐵絲 18號

尖嘴鉗

吸管

錐子

樹脂

ボンド

透明膠帶

**材料**

底片盒或
塑膠盒
（透明的）

鋁罐 1～2個
（長尺寸的
啤酒空罐）

圖畫紙

鉛筆

麥克筆

裝洋蔥或蒜頭
的網袋

彩色膠帶

保麗龍（拇指般大小）

# 作 法　足球場

① 鋁罐的罐底和罐口上用5吋釘敲個洞。

罐口上面
打洞。

底部中心
打洞。

吸管穿過的洞。

鐵絲穿過的洞。

② 罐身中間先用錐子鑽洞，再拿5吋釘把洞擴大，然後從洞口剪開。

依照→的順序剪開。

罐口部位朝下。

③ 四邊各剪5mm開口，向裡面折進去。

④ 圖畫紙做守門員。

鐵絲
7〜8cm

折彎。

圖畫紙剪成人偶的形狀，用麥克筆著上顏色。

透明膠帶貼住。

⑤ 做球門。

膠帶捲貼住。

剪開。

塑膠盒

⑥ 吸管上捲貼膠帶。

捲貼成比罐子的洞還粗。

守門員

射門的人

塑膠盒貼在罐口上當作球門。

⑧ 球放入後把鐵罐罩上網子。

用透明膠帶貼住。

⑦ 保麗龍做成球。

不會掉出網子外面的大小

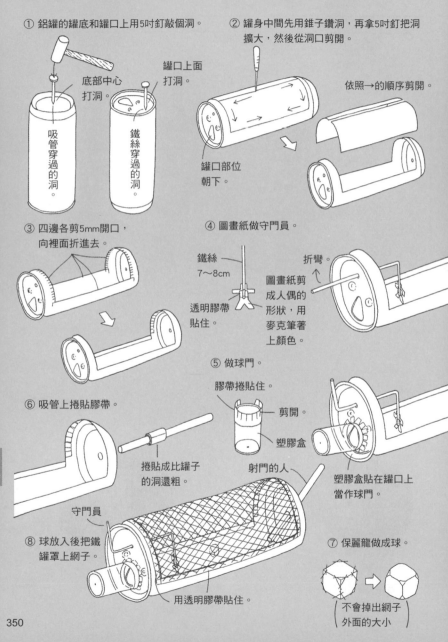

## 排球場中線網的作法

① 鋁罐放在圖畫紙上畫圓，用剪刀把圓剪下。

彩色膠帶貼住罐口。

罐口朝上，吸管穿過去。

② 對折後沿邊剪許多小段，向外折開。

折彎的部分塗上樹脂。

③ 用樹脂黏貼在罐子的中間。

稍微打開，做成坡道。

保麗龍做的球。

④ 網子把罐子罩起來。

## 2個鋁罐連成足球場的作法

罩上網子

罩上網子

球門

球門

鋁罐的開口部分用開罐器割掉。

把2個鋁罐的開口面合在一起，用彩色膠帶捲貼住。

## 球門的作法

鋁罐上剪剩下來的部分。

剪刀剪開後折彎。

用透明膠帶黏貼在罐內。

## 玩 法

對著吸管吹氣，誰先把球吹入對方的球門，誰就是贏家！

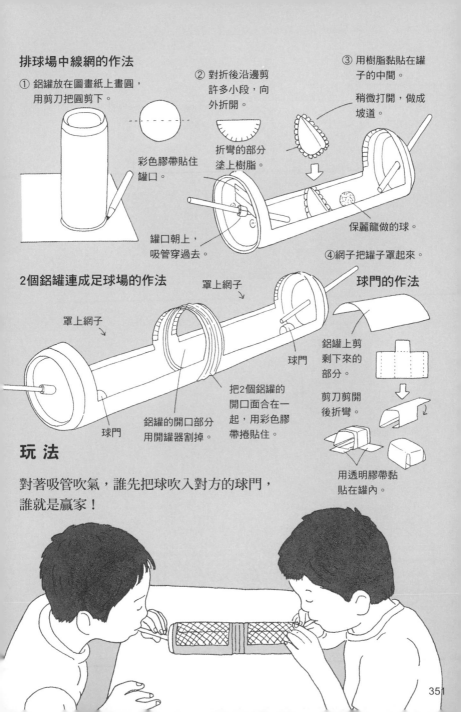

# Ⓑ 帆船

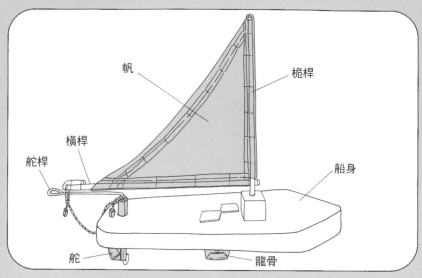

帆　桅桿　橫桿　舵桿　舵　船身　龍骨

## 工具

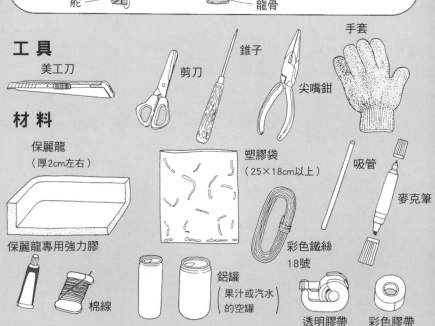

美工刀　剪刀　錐子　尖嘴鉗　手套

## 材料

保麗龍
（厚2cm左右）

塑膠袋
（25×18cm以上）

吸管

麥克筆

保麗龍專用強力膠

棉線

鋁罐
（果汁或汽水
的空罐）

彩色鐵絲
18號

透明膠帶　彩色膠帶

# 作 法

① 保麗龍切成四方形，再割成船身的形狀。

美工刀伸出5cm
長的刀片，用上
下移動的方式
切割。

20cm左右

7cm
左右

斜線割出。

把角修成
圓弧形。

② 保麗龍切成骰子的形狀，塗上樹脂貼在
船身3分之1的位置。

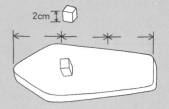

2cm

③ 在船身上鑽出安裝龍骨、舵和桅桿所
用的洞。

吸管用旋轉的
方式鑽洞。

錐子直接
鑽洞。

美工刀橫切出4cm
的洞隙。

用麥克筆畫上圖案。

④ 塑膠袋做成帆。

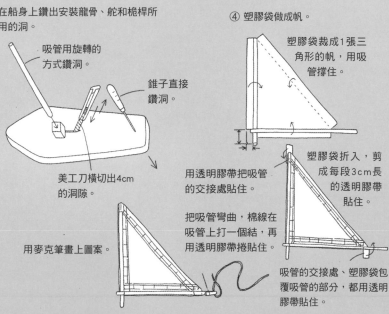

塑膠袋裁成1張三
角形的帆，用吸
管撐住。

塑膠袋折入，剪
成每段3cm長
的透明膠帶
貼住。

用透明膠帶把吸管
的交接處貼住。

把吸管彎曲，棉線在
吸管上打一個結，再
用透明膠帶捲貼住。

吸管的交接處、塑膠袋包
覆吸管的部分，都用透明
膠帶貼住。

⑤ 罐子踩扁剪成一半，用來做龍骨和舵。

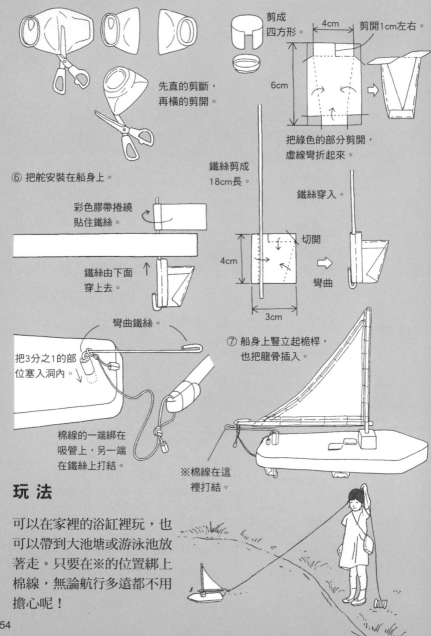

先直的剪斷，
再橫的剪開。

剪成
四方形。

4cm 剪開1cm左右

6cm

把綠色的部分剪開，
虛線彎折起來。

⑥ 把舵安裝在船身上。

彩色膠帶捲繞
貼住鐵絲。

鐵絲由下面
穿上去。

鐵絲剪成
18cm長。

鐵絲穿入。

切開

4cm

3cm

彎曲

彎曲鐵絲。

把3分之1的部
位塞入洞內。

棉線的一端綁在
吸管上，另一端
在鐵絲上打結。

⑦ 船身上豎立起桅桿，
也把龍骨插入。

※棉線在這
裡打結。

# 玩 法

可以在家裡的浴缸裡玩，也
可以帶到大池塘或游泳池放
著走。只要在※的位置綁上
棉線，無論航行多遠都不用
擔心呢！

# Ⓑ 單槓

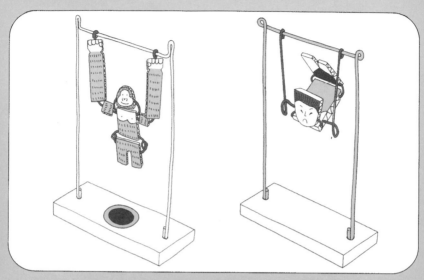

**工具**

美工刀

錐刀

鐵鎚

尖嘴鉗

切割板

**材料**

魚糕板或小板子 1塊

瓦楞紙
（瓦楞紙箱裁成）

彩色鐵絲
18號、16號

鉛筆

麥克筆

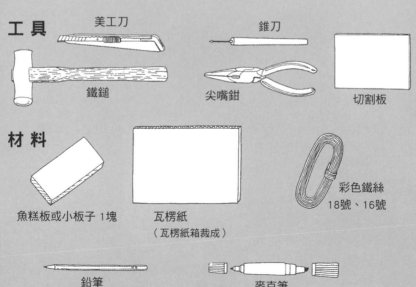

## 作 法

① 板子中央用鉛筆畫一條橫線，
   在線的兩端鑽洞。

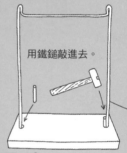

錐刀呈直角鑽孔，深度為板子的一半厚。鑽孔部分用砂紙磨光。

鑽2個洞。不要太靠近板子邊緣以免裂開。洞鑽好後把鉛筆線的痕跡擦掉。

② 剪一段40cm長的粗鐵絲，彎成單槓。

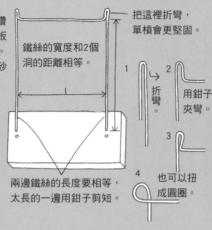

把這裡折彎，單槓會更堅固。

鐵絲的寬度和2個洞的距離相等。

1 折彎。

2 用鉗子夾彎。

3

4 也可以扭成圓圈。

兩邊鐵絲的長度要相等，太長的一邊用鉗子剪短。

③ 把②的單槓插在①的板子上。

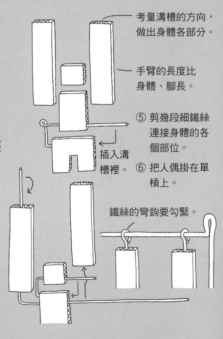

用鐵鎚敲進去。

錐子鑽的洞會比鐵絲大，所以再剪2～3cm長的鐵絲，敲入洞內填滿。

單槓不要搖晃。

## 玩 法

握著板子的兩邊，往前後的方向輕輕搖晃，人偶會自己旋轉喔！

④ 美工刀在瓦楞紙上切割出人偶的形狀。

考量溝槽的方向，做出身體各部分。

手臂的長度比身體、腳長。

⑤ 剪幾段細鐵絲連接身體的各個部位。

插入溝槽裡。

⑥ 把人偶掛在單槓上。

鐵絲的彎鉤要勾緊。

# © 筷子單槓人偶

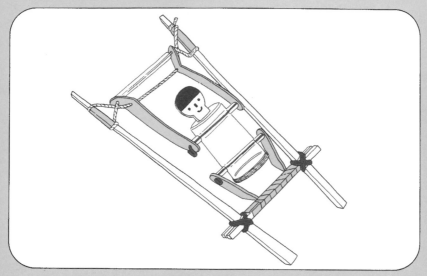

## 工具

剪刀　　尖嘴鉗　　小刀　　錐子

## 材料

免洗筷 2雙　　底片盒或塑膠盒 1個　　橡皮筋 2條　　厚紙板

棉線　　彩色膠帶　　吸管 1根　　彩色鐵絲18號　　鉛筆　　麥克筆

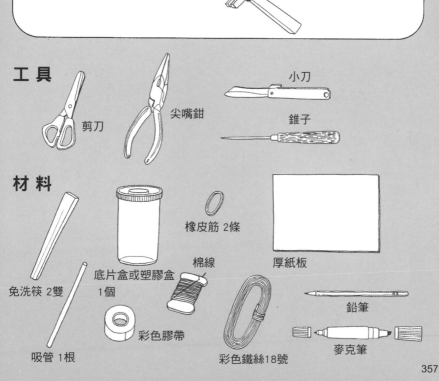

# 作 法

① 2雙免洗筷折成如圖尺寸。（折法參閱180頁）

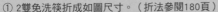

折斷後剩下的部分。

扳開其中1雙分成2根，另1雙扳開後對折成兩半，其中一半再對折成更小段。

② 其中最短的免洗筷夾在一半短的免洗筷中間，用膠帶捲繞貼住。

③ 2根免洗筷分開插入②的免洗筷兩邊。

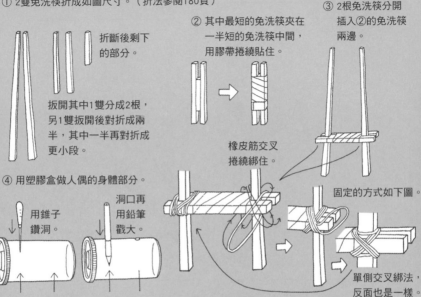

橡皮筋交叉捲繞綁住。

固定的方式如下圖。

單側交叉綁法，反面也是一樣。

④ 用塑膠盒做人偶的身體部分。

用錐子鑽洞。

洞口再用鉛筆戳大。

⑤ 吸管穿過塑膠盒的洞口。

用剪刀剪斷。

⑥ 厚紙板上畫手、腳和頭部，剪下來。

用鑽子鑽洞。

1.5cm
8cm
1.5cm

1.5cm
4cm

1cm
1cm
用麥克筆畫圖。

⑦ 用鉗子剪8cm長的鐵絲2根。1根連接身體和手臂，1根連接身體和腳。頭部用膠帶黏貼住。

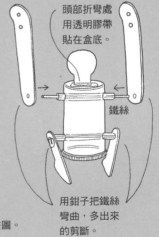

頭部折彎處用透明膠帶貼在盒底。

鐵絲

用鉗子把鐵絲彎曲，多出來的剪斷。

⑧ 剪一段30cm長的棉線，把免洗筷和人偶連接在一起。

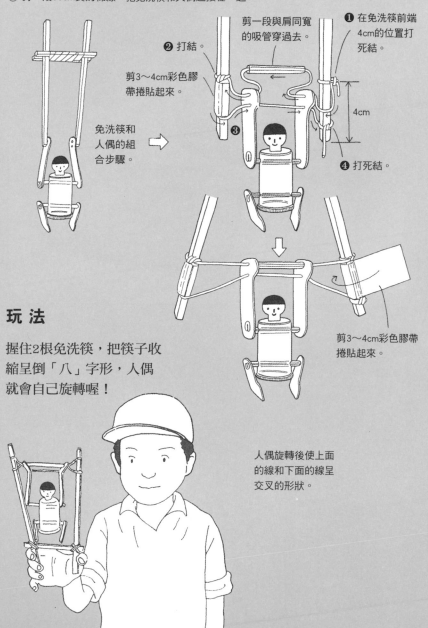

剪一段與肩同寬的吸管穿過去。

❷ 打結。

剪3～4cm彩色膠帶捲貼起來。

❶ 在免洗筷前端4cm的位置打死結。

4cm

❸

❹ 打死結。

免洗筷和人偶的組合步驟。

剪3～4cm彩色膠帶捲貼起來。

## 玩 法

握住2根免洗筷，把筷子收縮呈倒「八」字形，人偶就會自己旋轉喔！

人偶旋轉後使上面的線和下面的線呈交叉的形狀。

# Ⓒ 急急迷宮

## 工具

5吋釘

尖嘴鉗

剪刀

鐵鎚

## 材料

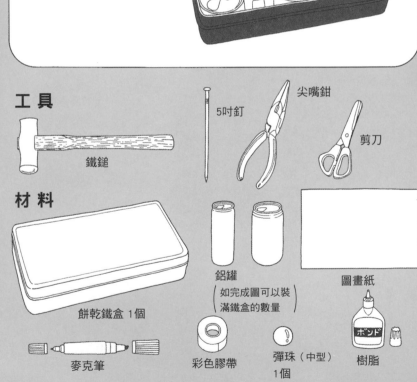

餅乾鐵盒 1個

鋁罐
（如完成圖可以裝
滿鐵盒的數量）

圖畫紙

麥克筆

彩色膠帶

彈珠（中型）
1個

樹脂

# 作法

① 先把鋁罐踩扁,再剪成二半。

② 戴上手套,將切口扳回原狀,再用剪刀修剪整齊。

③ 把②的空罐放入餅乾盒裡,切口朝上靠在鐵盒邊緣,用麥克筆在罐上畫出鐵盒高度的記號。

切口　　　　　麥克筆

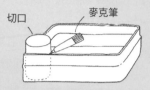

④ 彩色膠帶沿著記號線捲貼起來。

切口

麥克筆做的記號線。

記號線下面黏貼膠帶一圈。

⑤ 把超出膠帶的部分剪掉。

剪開後往內折進去。

保留膠帶的部分。

⑥ 做1～2個彈珠的通道,剪開往內折彎。

鋁罐倒過來放。

● 彈珠可以通過的大小。

鐵盒內放入的鋁罐作法與上圖相同,都要做出彈珠的通道。

⑦ 鐵盒內排列鋁罐時,要考量慮彈珠進出通道的位置。

盒子角落放2個有罐口的鋁罐。

→是彈珠進出的通道。

用5吋釘在鐵蓋上打洞。用鉗子把邊緣往內折入壓平。

彈珠能通過的大小。

⑧ 用鐵釘在餅乾盒蓋子上打洞。

盒蓋洞口的位置和罐口的位置相同。

5吋釘

橫跨在2塊木板上。

⑨ 圖畫紙裁成和餅乾盒蓋子一樣大小。

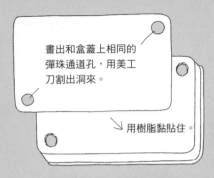

畫出和盒蓋上相同的彈珠通道孔,用美工刀割出洞來。

用樹脂黏貼住。

為了讓餅乾盒內的鋁罐不會移動,要緊密的放入罐子。如果罐子還會移動,可以把報紙搓成圓球塞入罐子的間隙裡。

⑩ 用麥克筆在圖畫紙上畫迷宮或其他喜愛的圖案。

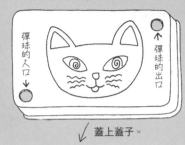

彈珠的入口

彈珠的出口

蓋上蓋子。

## 玩 法

彈珠從入口放入、出口出來。因為有蓋子蓋住,所以看不見彈珠移動的途徑。把箱子直擺、橫放,或是隨意轉動方向,只要讓彈珠從出口出來,就成功了。

# 超高難度

# D

# 自己動手做來玩！　2

　　自己動手從最簡單的Ⓐ，一直做到很複雜的Ⓒ，你總共完成多少種玩具呢？如果所有的玩具你都做過，那麼相信你對工具的使用一定會很熟練了。一旦能靈活運用工具，動手做的過程也將會變得無比的輕鬆有趣啊！

　　在做Ⓒ這個部分的玩具時，有人一開始花了3個小時才完成，可是第二次做同樣的玩具，卻只要一半的時間就足夠了。你會發現，當你做越多次就越上手，而且越做越漂亮。這是因為只要經常使用工具，養成習慣之後，工具似乎也成為手的一部分而運用自如了。然而工具使用的技巧不是光看本書就可以學會，還得從你親手做的過程中，慢慢學習得來的。自己動手做，才是最大的關鍵喔！

　　右邊所介紹的工具，是之前不曾出現過的。這些工具使用上較為困難，但是它們可以幫助你做出更複雜的玩具。

　　做過Ⓐ、Ⓑ、Ⓒ全部玩具的人，不妨向超高難度的Ⓓ來挑戰吧！這些玩具很難自己一個人完成，最好找幾個好朋友一起幫忙。

　　帶著大家動手做的玩具，一起到野外玩一場最刺激、有趣的冒險遊戲喔！

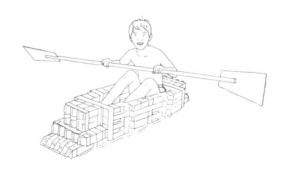

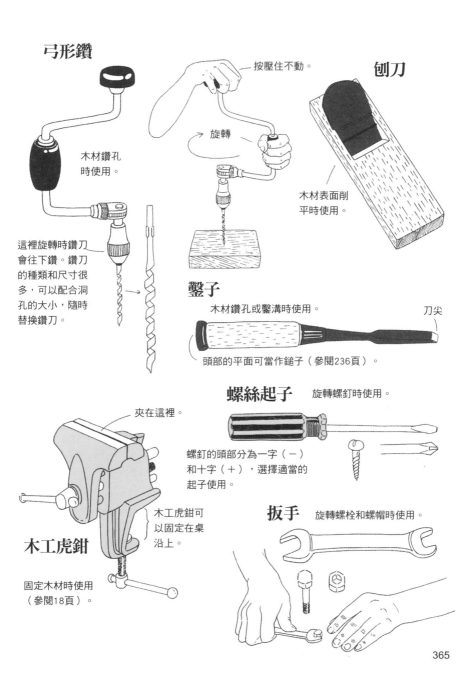

# 弓形鑽

木材鑽孔時使用。

按壓住不動。

旋轉

這裡旋轉時鑽刀會往下鑽。鑽刀的種類和尺寸很多，可以配合洞孔的大小，隨時替換鑽刀。

# 刨刀

木材表面削平時使用。

# 鑿子

木材鑽孔或鑿溝時使用。

刀尖

頭部的平面可當作鎚子（參閱236頁）。

# 螺絲起子

旋轉螺釘時使用。

螺釘的頭部分為一字（－）和十字（＋），選擇適當的起子使用。

夾在這裡。

木工虎鉗可以固定在桌沿上。

# 木工虎鉗

固定木材時使用（參閱18頁）。

# 扳手

旋轉螺栓和螺帽時使用。

# Ⓓ 吊床

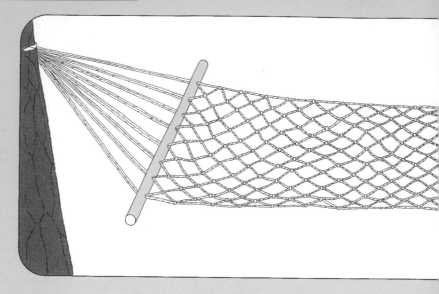

## 工具

弓形鑽或手鑽
（鑽刀直徑8mm）

剪刀

圓棒銼刀

直尺

## 材料

圓棒（直徑3cm、長90cm） 2根

PP繩（聚丙烯纖維製品，長80m）2捆
（直徑5mm左右。若太粗，
躺下時會使背部不舒服）

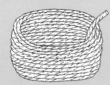

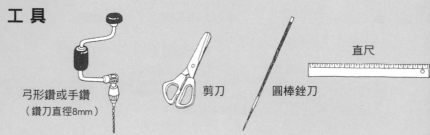

366

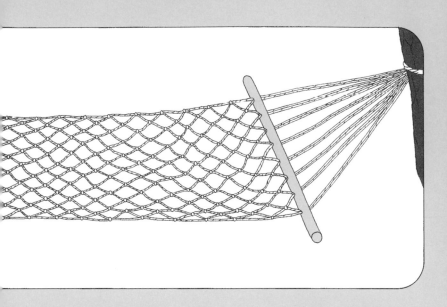

## 作 法

① 在圓棒上間隔10cm做個記號，用弓形
鑽鑽出8個洞。

② 長10m的PP繩，剪16條。

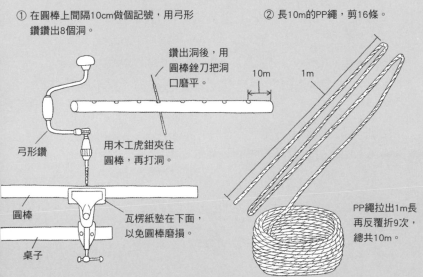

鑽出洞後，用
圓棒銼刀把洞
口磨平。

10m

弓形鑽

用木工虎鉗夾住
圓棒，再打洞。

圓棒

瓦楞紙墊在下面，
以免圓棒磨損。

桌子

1m

PP繩拉出1m長
再反覆折9次，
總共10m。

③ PP繩2條一束穿過圓棒的洞孔。

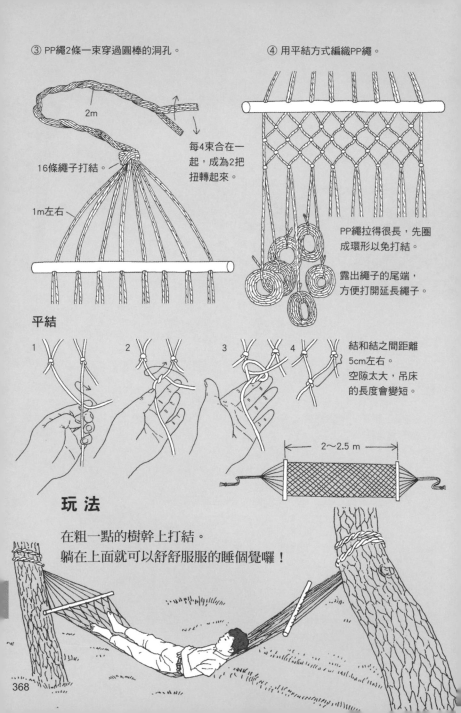

2m

16條繩子打結。

1m左右

每4束合在一起，成為2把扭轉起來。

④ 用平結方式編織PP繩。

PP繩拉得很長，先圈成環形以免打結。

露出繩子的尾端，方便打開延長繩子。

## 平結

1    2    3    4

結和結之間距離5cm左右。
空隙太大，吊床的長度會變短。

←  2～2.5 m  →

## 玩法

在粗一點的樹幹上打結。
躺在上面就可以舒舒服服的睡個覺囉！

# Ⓓ 牛奶盒獨木舟（一人乘坐）

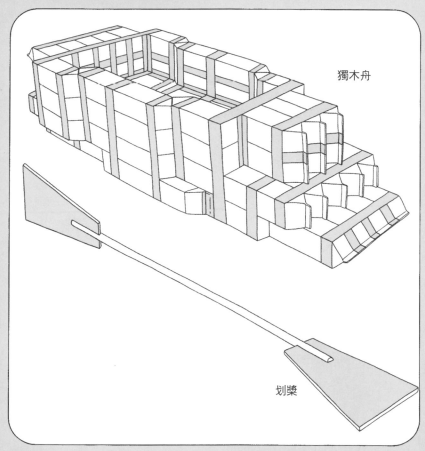

獨木舟

划槳

## 工 具

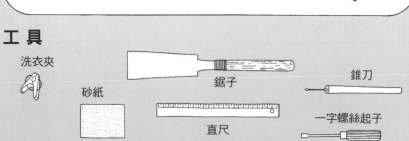

洗衣夾

砂紙

鋸子

直尺

錐刀

一字螺絲起子

# 材 料

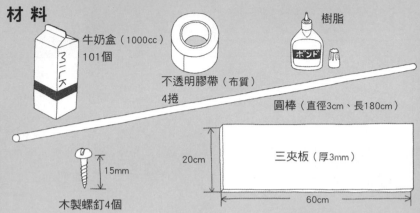

牛奶盒（1000cc）
101個

不透明膠帶（布質）
4捲

樹脂

圓棒（直徑3cm、長180cm）

木製螺釘4個

15mm

三夾板（厚3mm）

20cm

60cm

# 作 法

① 把牛奶盒洗乾淨晾乾，開口處
用樹脂黏合。

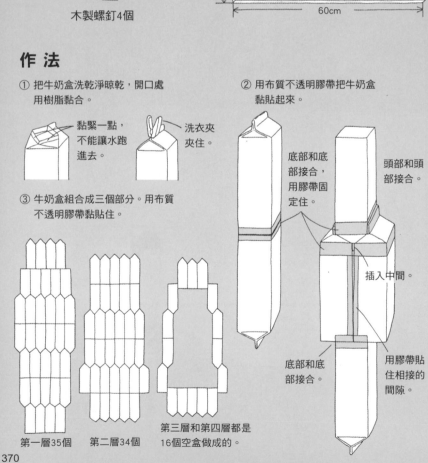

黏緊一點，
不能讓水跑
進去。

洗衣夾
夾住。

② 用布質不透明膠帶把牛奶盒
黏貼起來。

③ 牛奶盒組合成三個部分。用布質
不透明膠帶黏貼住。

底部和底
部接合，
用膠帶固
定住。

頭部和頭
部接合。

插入中間。

底部和底
部接合。

用膠帶貼
住相接的
間隙。

第一層35個

第二層34個

第三層和第四層都是
16個空盒做成的。

④ 三個部分重疊組合起來，用不透明膠帶貼住。

前　　　　　　　　　　　　　　　後

不透明膠帶拉長，全部（底部和側面）牢牢貼住。
內側乘坐的部分也要用膠帶把每個間隙都貼住。

二端的槳面要呈直角。

⑤ 用三夾板做成划槳。

10cm

20cm

30cm

鋸子鋸開，切口
用砂紙磨平。

錐刀鑽好洞用
木螺釘鎖住。

10cm

# 玩 法

放在水面上就可以往前划囉！
水上活動一定要注意安全喔！

（穿上救生背心、和大人一起同行、
在水域安全的淺水地帶……）

把獨木舟翻過來坐，
一樣可以划著玩！

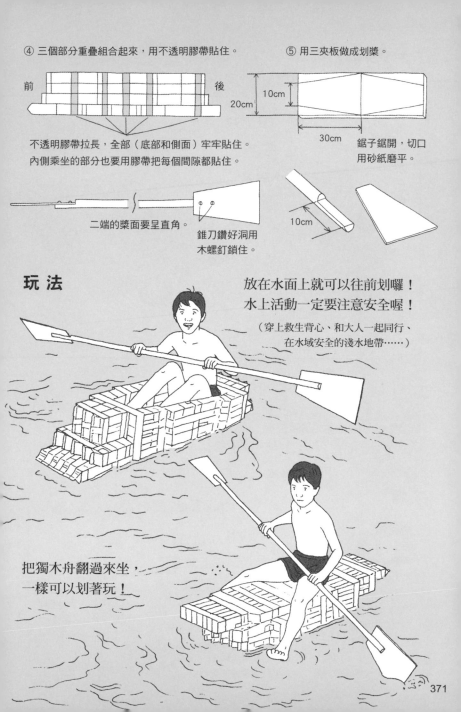

# Ⓓ 跑車

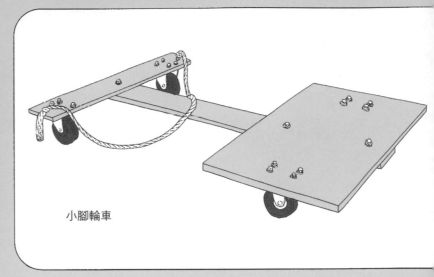

小腳輪車

## 工具

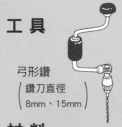

弓形鑽
（鑽刀直徑
8mm、15mm）

鋸子　　扳手（13號）

鐵鎚　　拔釘鎚　　長直鋸

刨刀　　圓棒銼刀　　木工虎鉗　剪刀　油漆刷

線鋸　　尖嘴鉗　　直尺　　捲尺（1m以上）

## 材料

柳安木 厚13mm

小腳輪
（75×15mm）
4個

六角形螺栓
（8×60mm）1個
（8×50mm）2個
（8×35mm）16個

六角形螺帽
（8mm）19個

彈簧墊圈（8mm）40個

小腳輪

50

4.5

2

9

80

30

5

5

4.5

5

小腳輪

小腳輪

小腳輪

小腳輪

小腳輪

25

4

50

5

5

15

4

30

○的記號表示拴螺栓的位置

繩索（粗5～8mm、長1m）

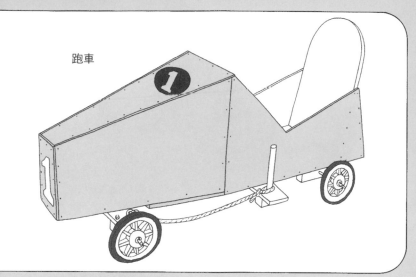

跑車

## 作法

① 用弓形鑽在柳安木上鑽洞。
（螺栓直徑8mm）

弓形鑽

小腳輪放在木板上用鉛筆畫出洞孔位置的記號。

② 把螺栓拴住。

六角形螺栓
（8×60mm）

彈簧墊圈

中間夾2個彈簧墊圈。

六角形螺帽

六角形螺栓
（8×50mm）

讓木板稍微能左右移動，螺栓不要拴太緊。

六角形螺栓
（8×35mm）

彈簧墊圈

③ 繩索穿洞後，打結。

彈簧墊圈

六角形螺帽

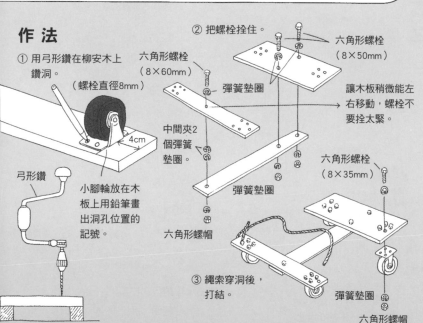

# 材料

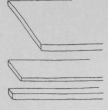

柳安木或三夾板
（寬30cm×長180cm以上×厚1.8cm）

柳安木
（寬8cm×長135cm以上×厚1.3cm）

角材

$$\begin{pmatrix} 3cm×2cm×4m50cm以上 \\ 4cm×3cm×50cm以上 \end{pmatrix}$$

三夾板（厚3mm）1塊

請購買的木材店把木材表面刨平，或自己帶回家刨平。

五金材料行裡賣的木材，表面都已經處理好了。

車輪（購物車的小腳輪）
（直徑16cm）

車輪可以用購物車或嬰兒車的小腳輪代替。

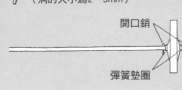

車軸
鋁管
$$\begin{pmatrix} 長1m、 \\ 直徑8mm \end{pmatrix}$$

管子上打4個開口銷用的洞。
（洞的大小為2～3mm）

鋁管依所需長度鋸下再打洞。鋁管用電鋸截斷。洞孔用電鑽鑽孔。可請水電行代勞。

開口銷

開口銷通過後彎曲。

彈簧墊圈

六角形螺栓
（8×70mm）8個
（8×60mm）7個

六角形螺栓
（8×50mm）1個

六角形螺帽
（8mm）15個

彈簧墊圈
（8mm）42個

環首螺釘
（12號）2個

鐵釘
（32mm）34根
（20mm）120根

樹脂

ボンド

繩索（直徑1cm）2m

圓棒（直徑15mm、長60cm）

水性油漆

紅色鉛筆

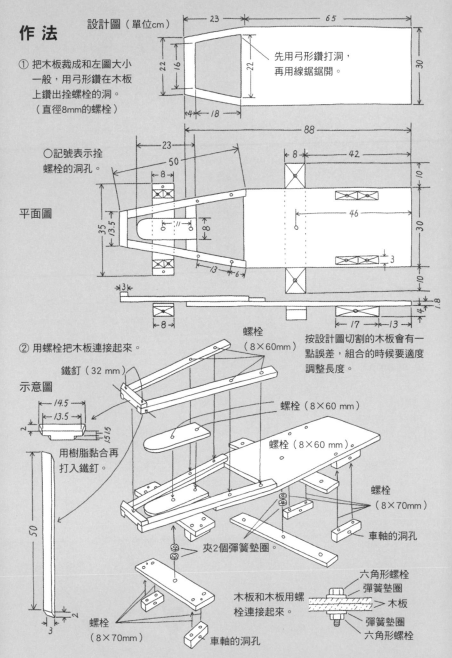

## 作法

設計圖（單位cm）

① 把木板裁成和左圖大小一般，用弓形鑽在木板上鑽出拴螺栓的洞。
（直徑8mm的螺栓）

先用弓形鑽打洞，再用線鋸鋸開。

○記號表示拴螺栓的洞孔。

平面圖

② 用螺栓把木板連接起來。

示意圖

按設計圖切割的木板會有一點誤差，組合的時候要適度調整長度。

螺栓（8×60mm）

鐵釘（32 mm）

用樹脂黏合再打入鐵釘。

螺栓（8×60 mm）

螺栓（8×60 mm）

螺栓（8×70mm）

車軸的洞孔

夾2個彈簧墊圈。

木板和木板用螺栓連接起來。

六角形螺栓
彈簧墊圈
木板
彈簧墊圈
六角形螺栓

螺栓（8×70mm）

車軸的洞孔

375

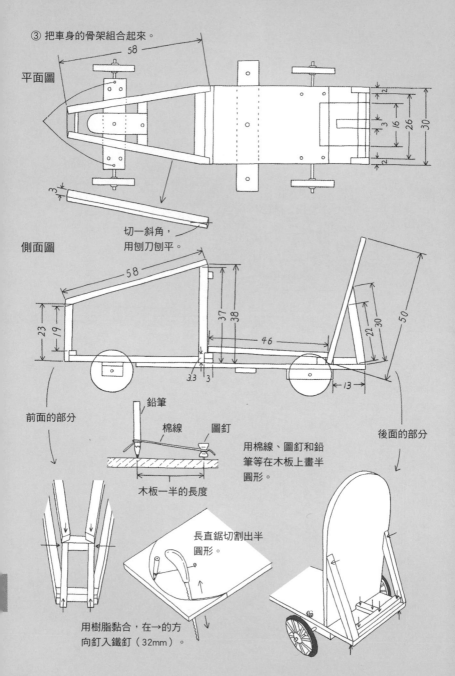

③ 把車身的骨架組合起來。

平面圖

58

側面圖

58

37
38

23
19

46

3.3　3

2
16
3
26
30

2

30
22
50

13

切一斜角，
用刨刀刨平。

前面的部分

鉛筆

棉線　圖釘

木板一半的長度

用棉線、圖釘和鉛
筆等在木板上畫半
圓形。

後面的部分

長直鋸切割出半
圓形。

用樹脂黏合，在→的方
向釘入鐵釘（32mm）。

376

④ 把骨架和三夾板組合起來。

示意圖　三夾板要配合車身
　　　　骨架的形狀。

把三夾板裝置在車身
的骨架上。用樹脂黏
貼後再打入鐵釘
（20mm）。

46
32
18

直接鋪上去，
不要先釘鐵釘。

釘鐵釘。

釘鐵釘。

車身完成後，最後用
開口銷固定車輪。

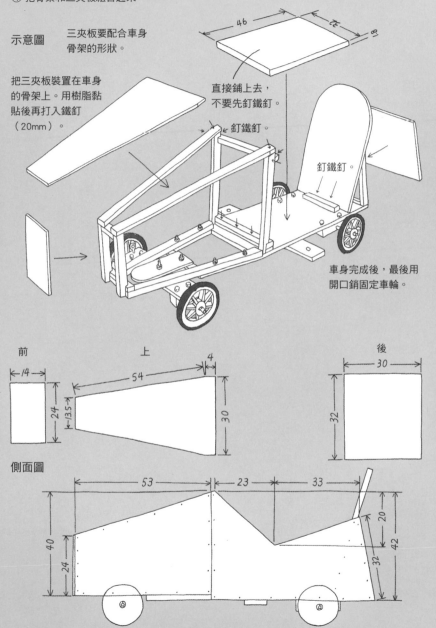

前
14
24
13.5

上
54
4
30

後
30
32

側面圖
53
23
33
40
24
20
32
42

⑤ 做方向盤和煞車器。

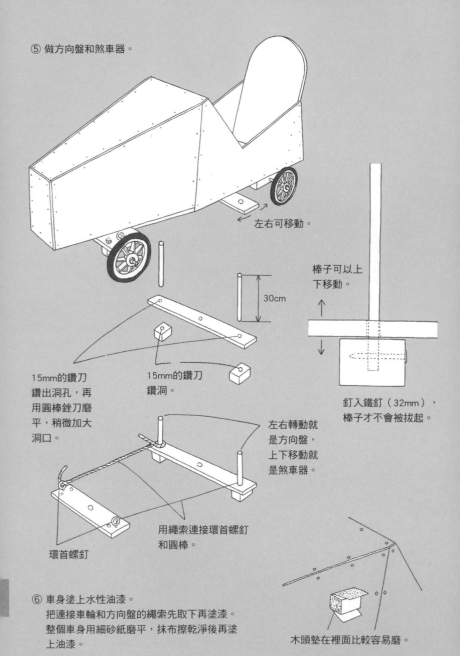

左右可移動。

棒子可以上
下移動。

30cm

15mm的鑽刀
鑽出洞孔，再
用圓棒銼刀磨
平，稍微加大
洞口。

15mm的鑽刀
鑽洞。

釘入鐵釘（32mm），
棒子才不會被拔起。

左右轉動就
是方向盤，
上下移動就
是煞車器。

用繩索連接環首螺釘
和圓棒。

環首螺釘

⑥ 車身塗上水性油漆。
把連接車輪和方向盤的繩索先取下再塗漆。
整個車身用細砂紙磨平，抹布擦乾淨後再塗
上油漆。

木頭墊在裡面比較容易磨。

# 玩 法

帶著你的小跑車，到公園或校園的空地開開看。
隨時注意行車的安全！最重要的是：記得戴上安全帽喔！

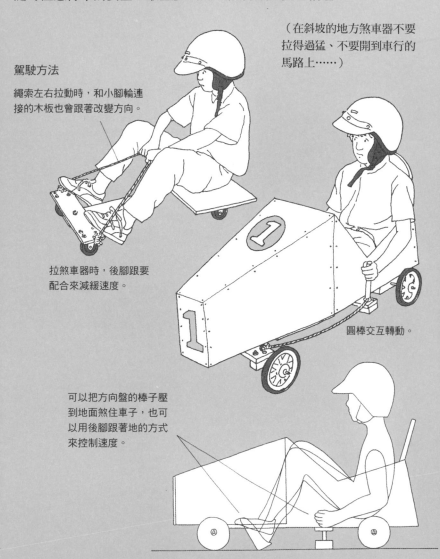

（在斜坡的地方煞車器不要
拉得過猛、不要開到車行的
馬路上……）

駕駛方法

繩索左右拉動時，和小腳輪連
接的木板也會跟著改變方向。

拉煞車器時，後腳跟要
配合來減緩速度。

圓棒交互轉動。

可以把方向盤的棒子壓
到地面煞住車子，也可
以用後腳跟著地的方式
來控制速度。

# 索引

## 難易度

# 種類

## 工具・材料

## 房子

## 車

## 飛行器（飛機・火箭）

國家圖書館出版品預行編目(CIP)資料

玩藝圖鑑 ：成為玩具通才的170種玩法 /
木內勝作 ；木內勝、田中皓也繪 ；吳逸林譯.
— 二版. — 新北市： 遠足文化，2018.11

譯自：工作図鑑—作って遊ぼう！伝承創作おもちゃ
ISBN 978-957-8630-85-7(平裝)
1.玩具
479.8        107018182

# 玩藝圖鑑

成為玩具通才的

## 170 種玩法

作者｜木內 勝　　繪者｜木內 勝、田中皓也　　譯者｜吳逸林　　執行長｜陳蕙慧　　行銷總監
｜李逸文　　編輯顧問｜呂學正、傅新書　　執行編輯｜林復　　責編｜王凱林　　美術編輯｜林敏
煌　　封面設計｜謝捲子　　社長｜郭重興　　發行人｜曾大福　　出版者｜遠足文
化事業股份有限公司　　地址｜231新北市新店區民權路108-2號9樓　　電話｜(02)22181417
傳真｜(02)22188057　　電郵｜service@bookrep.com.tw　　郵撥帳號｜19504465　　客服專線｜
0800221029　　網址｜http://www.bookrep.com.tw　　法律顧問｜華洋法律事務所　　蘇文生律師
印製｜成陽印刷股份有限公司　　電話｜（02）22651491

訂價　380元
ISBN　978-957-8630-85-7
二版三刷　西元2023年4月

ARTS AND CRAFTS ILLUSTRATED
Text © Katsu Kiuchi 1988
Illustrations © Katsu Kiuchi, Kouya Tanaka 1988
Originally published by Fukuinkan Shoten Publishers, Inc., Tokyo, Japan, in 1988
under the title of Kousaku Zukan(ARTS AND CRAFTS ILLUSTRATED)
The Complex Chinese language rights arranged with Fukuinkan Shoten Publishers, Inc., Tokyo.
All rights reserved.

# 物體長度的測量方式

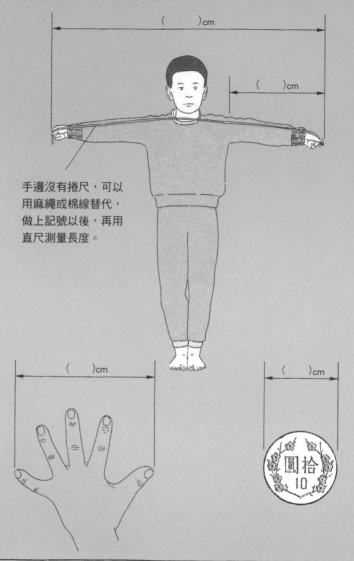

( )cm

( )cm

手邊沒有捲尺，可以
用麻繩或棉線替代，
做上記號以後，再用
直尺測量長度。

( )cm

( )cm